如何解剖鲸鱼

海獣学者、クジラを解剖する

［日］田岛木绵子◎著
佟凡◎译
曾千慧◎审定

北京科学技术出版社

著作权合同登记号　图字：01-2023-1326
本书地图系原书插附地图。审图号：GS 京（2023）0875 号

图书在版编目（CIP）数据

如何解剖鲸鱼 /（日）田岛木绵子著；佟凡译．— 北京：北京科学技术出版社，2023.7

ISBN 978-7-5714-2892-1

Ⅰ．①如…　Ⅱ．①田…②佟…　Ⅲ．①鲸－研究　Ⅳ．① Q959.841

中国国家版本馆 CIP 数据核字（2023）第 022985 号

策划编辑： 韩　芳
责任编辑： 李雪晖
文字编辑： 韩　芳
插　　画： 芦野公平
图文制作： 北京瀚威文化传播有限公司
责任印制： 张　良
出 版 人： 曾庆宇
出版发行： 北京科学技术出版社
社　　址： 北京西直门南大街 16 号
邮政编码： 100035
电　　话： 0086-10-66135495（总编室）
0086-10-66113227（发行部）
网　　址： www.bkydw.cn
印　　刷： 三河市华骏印务包装有限公司
开　　本： 880 mm × 1230 mm　1/32
印　　张： 9.375
字　　数： 182 千字
版　　次： 2023 年 7 月第 1 版
印　　次： 2023 年 7 月第 1 次印刷
ISBN 978-7-5714-2892-1

定　　价：68.00 元

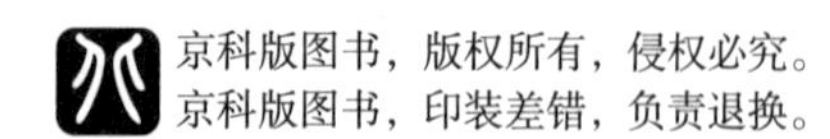

序言

“什么？你要为了一头抹香鲸去熊本？还要现在就去？”

电话里传来家人既惊讶又担心的声音。

“必须现在就去。如果我不紧不慢的，那我就不算是一名合格的博物馆人和研究人员了！”

2020 年 3 月底，一场前所未有的新冠疫情席卷全球。在一片混乱中，我来到了熊本县天草市的本渡港。昨天，一头巨大的抹香鲸在浅水的海岸上搁浅并死亡，我就职的日本国立科学博物馆筑波研究所收到了支援调查的请求。

当时，日本政府正在讨论是否就新冠疫情发表第一次紧急事态宣言。

虽然预防传染的措施较为完备，但老实说，未知病毒的威胁依然让我心存不安。尽管如此，我还是选择承担起自己身为“博物馆人”的使命。顺便一提，从事博物馆运营工作的人有时会自称“博物馆人”，这个称呼包含着我们的责任和骄傲。

鲸豚等海洋生物在浅海触礁或被海水冲到海岸上的现象被称为“搁

浅”，一些读者应该在新闻上见到过。

搁浅绝对不是一件稀罕事。在日本，一年中通常会发生300多起鲸鱼、海豚等海洋哺乳动物搁浅的事件。也就是说，搁浅几乎每天都会发生。搁浅后，它们大多无法回到大海，只能在海岸上失去生命，抑或在搁浅前就已经成为了尸体。

目前，我的工作是解剖海洋哺乳动物的尸体，从而查明其死因并推测搁浅的经过，随后将它们做成标本，使它们能在博物馆中被保管100～200年。

当我背着沉重的行李到达本渡港时，看热闹的人已将港口围得水泄不通。我顺着大家的视线看去，只见海岸边躺着一头巨大的抹香鲸。它的身体已经被绑上了好几条绳子进行固定，这是为了防止它被冲回大海。

“真是个大家伙！”

据工作人员介绍，这头抹香鲸身长16米，体重推测为65吨。说得形象一点儿，它的身长与奈良大佛的高度相当，体重则相当于10头大型非洲象的重量。当地政府和研究小组实在无法处理这个“大家伙”，因此当地政府向日本国立科学博物馆发出了支援调查的请求。

实际上，我们也很少有机会调查如此巨大的抹香鲸。虽然我很想立刻展开调查，但那天是周日，我们只好等到第二天。

终于等到天亮，吊车缓缓将抹香鲸从原地吊起，移到便于我们作业的地方。抹香鲸体型匀称、线条优美，然而，我们并没有时间欣赏，因为留给我们的调查时间只有一天。我们必须在一天之内通过解剖来调查这头巨大的抹香鲸的死因，并尽可能地采集更多的标本。

“那么各位，开始吧！”

我们一起投入调查。

*

在日本国立科学博物馆任职以来，同样的工作我已经做了20多年，被我解剖调查过的动物超过2000只。在面向公众的活动中，同事们总会这样介绍我：“田岛女士是世界上解剖鲸鱼最厉害的女士！”其实，虽然“世界第一”的称号我不敢当，但在解剖动物的领域我有信心在全日本的女性里排第一。

毕竟，我总是一听说有海狗的尸体漂到了北海道的海岸上，就飞速前去调查；一听说附近的海岸发现了海豚的尸体，就一马当先前去回收。

下面，我要讲述另一个真实的故事。某日，有人在某处海岸上发现了一头体长不到2米的江豚（比一般海豚更小的鲸类），当地水族馆得知后随即联系我们。

对方说，江豚已经在海岸附近被打包放好，请我们前去回收。

根据经验来看，一头不到2米的江豚只需要一个人开车就能运回博物馆。一方面，水族馆的工作人员应该会采取方便搬运的打包方式；另一方面，那处海岸与博物馆的距离也比较近。于是，我驱车独自前往现场。

下车后，我看到空无一人的广阔沙滩上，孤零零地放着一个被蓝色塑料布包裹着的物体。我想，一定就是它了。其实，我每次看到这样的景象都会心头一紧——突如其来的死亡总令人唏嘘。不知为何，最近我格外容易因为此种景象而眼眶湿润。

然而，就在我靠近这头江豚并看清楚它的样子之后，我又因为过于惊讶而将眼泪全都憋了回去。它的体长确实不到2米，可是腹部却高高隆起，这很可能意味着它怀孕了，如果是这样，那么它的体重加上胎儿的体重一定不轻。

我试了好几次，实在没办法独自把它搬到车厢里。正当束手无策的时候，我突然看到两位女士从远处走来，这对我而言简直是“绝处逢生”。

“对不起！两位能帮我一个忙吗？”我赶忙挥舞着双臂大喊。两人听到我的求助跑了过来。我一边拿出日本国立科学博物馆的职工证以自证身份，一边诚恳地拜托她们：“这头江豚被冲到了海岸上，必须把它运回博物馆。我现在需要把它搬到卡车的车厢里，可是它比我想象中沉得多，一个人实在搬不上去……请你们帮我一下，好吗？”

一开始，两人都对此充满怀疑。现在想想，面对这个包装结实、几近2米的陌生物体，她们就算联想到人的尸体也不为过。我当时特别着急，努力地解释：

“塑料布里包裹着的绝对不是什么奇怪的东西，而是生活在附近海域里的一种海豚，名叫江豚。它们有时会在水中吐出一圈泡泡，很有名的……我说的是真的。我需要调查它的死亡原因，因此必须把它运回博物馆。”

听完我的解释，其中一名女士终于想起了这种动物，还想起自己曾经见过江豚的尸体被冲到海岸上。多亏了江豚的知名度，她们不仅没有报警，还帮助我一起回收了这头江豚。

*

鲸、海豚、海豹、儒艮和海牛等海洋哺乳动物与人类同属于哺乳动物。它们经过漫长的进化，总算能离开大海来到陆地生活，可是它们却重新回到了大海。

与调查陆地上的哺乳动物相比，调查生活在汪洋大海中的海洋哺乳动物更加困难。目前，很多海洋哺乳动物的生态和进化过程尚不明确。

正因如此，我们才要竖起耳朵，倾听每一具海洋哺乳动物的尸体发出的“声音”。

我以自己长达 20 年的研究生活为基础写成本书，希望本书能在为大家介绍海洋哺乳动物的生态的同时，尽可能地解答海洋哺乳动物的搁浅之谜。

在本书中，第 1 章介绍了海洋哺乳动物学者“奇妙”的研究生活；第 2 ~ 3 章记录了我与蓝鲸的故事，介绍了各种鲸类神奇而巧妙的生活方式、鲸类等海洋哺乳动物搁浅的原因及如何在现场探寻这些海洋哺乳动物的死因。

第 4 ~ 6 章介绍了海豚游泳的“秘密”、虎鲸的“相亲派对”、海狮和海狗的区分方式、儒艮和海牛的“素食主义生活”等海洋哺乳动物的生活方式。

最后，第 7 章介绍了海洋哺乳动物的尸体告诉我们的地球环境的现状与变化。

当站在调查现场时，我时常会思考：鲸类为什么不得不面对死亡？

是因为受到了人类活动的影响吗？如果是这样，那么我们能做些什么呢？

为了找到答案，我几乎每天都在不断地解剖死去的鲸类。

我希望大家能通过本书感受到海洋哺乳动物们散发出的魅力，听到它们的尸体传达给我们的“声音”。

田岛木绵子

目录

第1章 海洋哺乳动物学者大汗淋漓的每一天

第 2 章 被冲上海岸的鲸

第 3 章 追寻搁浅之谜

第 4 章　海豚曾经有“手”有“脚”

第 5 章　海狮、海豹、海象是同类

第 6 章 海牛和儒艮是纯粹的“素食主义者”

第 7 章 尸体传达出的信息

第1章

海洋哺乳动物学者大汗淋漓的每一天

迎来堆积如山的海狗尸体

有一天，一位经常与我来往的水族馆兽医向我求助，语气中带着歉意。在我询问原因后，他说："目前，水族馆里的海狗在死亡之后都被保管在冷库里，我必须在退休前将它们妥善处理好，这可怎么办呢？"

我立刻回答："请务必交给我们！"

在这个世界上，恐怕没有比我更想要海狗尸体的人了吧。对我来说，它们就是极其珍贵的宝贝。

我任职的日本国立科学博物馆（以下简称"科博"）负责保管、展示各种各样的生物标本。在所有生物标本中，仅海洋哺乳动物的标本就有 150 种，共计 8000 个。不过，当时海狗这种鳍脚类动物的标本很少，我们正打算增加其数量。

鳍脚类动物是一种生活在海洋中的哺乳动物，分为海狮科、海豹科和海象科。海狗属于其中的"海狮科"。

在水族馆中，人气高的动物海狗会通过可爱的表演吸引观众，不过它们终有一天会迎来死亡。为了让它们的死亡更有意义，我们的重要使命之一就是收集其尸体中隐藏的宝贵信息，并将这些信息和标本一起留给未来，这也是我和水族馆兽医的共同愿望。

兽医听了我的回答后非常开心。虽然我很想立刻将海狗的尸体送到单位，但海洋哺乳动物与鱼类、昆虫等动物不同，不能简简单单地说一句“明天我开卡车来取”就可以。

海狗是受到联合国《濒危野生动植物种国际贸易公约》管理的动物，因此水族馆不论是饲养海狗，还是将海狗转让给其他机构，都需要获得日本水产厅[①]的许可，即使是处理海狗的尸体也不例外。在这种情况下，我们按照法律规定走完手续，花了两个月的时间才获得了接收海狗的许可。

20多年来，兽医保存在水族馆冷库里的海狗尸体竟然多达100余具！然而，我刚因为超出预期的尸体数量而兴奋不已，就立刻想到有些尸体的长度甚至长达2米，即便是作为日本国立机构的科博，其冷库也没有足够的空间能将它们全部容纳。于是，我们只好忍痛割爱，最终收下了大约80具海狗的尸体。

海狗的尸体在卡车里堆积如山，一排卡车浩浩荡荡地开往科博筑波

---

① 隶属于日本农林水产省。

研究所的景象相当壮观。我看着迎面开来的一辆辆卡车，激动地思考着接下来该如何处理这些海狗的尸体。

海狗不同于鲸类，它们有皮毛，因此一具海狗尸体可以分离出两份标本，分别是皮毛标本和骨骼标本。

不能让海狗尸体一直占据着冷库。因此，我们优先处理了 2 米以上的大型海狗尸体，并将其中皮毛保存完好的海狗尸体做成了剥制标本。

装满海狗尸体的卡车

开始制作海狗的剥制标本

时间在做准备的过程中迅速流逝，当我开始着手制作海狗的剥制标本时，距离收到海狗尸体已经过去了两个月。

老实说，我在这期间确实曾找借口拖延。毕竟，制作海狗的剥制标本是一项相当繁重的工作，因为它们不仅体形较大，还有着丰富的皮下脂肪，这就导致剥离海狗的皮毛比剥离陆地上的哺乳动物的皮毛更困难。如果没有下定决心，就很可能在遭受挫折后中途放弃。

在日本，根据用途的不同，动物的剥制标本被分为两大类：展现动物在生存时的状态的剥制标本叫作“真剥制标本”，用于在博物馆等面向大众的场所中展示；研究人员专门用于研究的剥制标本则叫作“假剥制标本”。

无论是哪一种剥制标本，制作的第一步都是剥离动物的皮毛。不过，剥离海狗的皮毛需要操作者具有一定程度的专业技术。

用专业人员的话说，窍门就是“尽可能减少刀口的数量，像脱毛衣一样剥下皮毛”。这样一来，相信海狗在另一个世界里也会感到安慰吧。不过，专业人员必须经过多年的修行，通过制作无数个标本来积攒经验，最终才能成为“高手”。

首先，我们需要专心和细心，不仅要避免在海狗的重要部位（包括面部、肛门和四肢）留下不必要的伤口，还要避免犯下未剥离全部皮毛的错误。此外，清理皮毛上的皮下脂肪也是一项重点工作，因为皮毛上的皮下脂肪会增加皮毛发霉、生虫的可能性，使好不容易制作成的剥制标本变得令人不忍直视。

其次，剥离皮毛的工作还需要我们有体力和耐心。例如，对 2 米长的大型海狗进行剥皮工作通常就要花费半天时间。在这段时间里，我们必须始终保持同样的姿势，用手术刀小心地剥离其皮毛。长此以往，手指很可能因长时间弯曲而无法伸直，手腕也有患上腱鞘炎的风险。甚至有一位负责制作陆地哺乳动物标本的同事，由于制作了太多剥制标本，被医生诊断为“网球肘”。而且，制作剥制标本会对我们的脖子和腰部造成很大的负担，因此在开工前必须做好第二天会全身肌肉酸痛的心理准备。此外，剥离皮毛是一个精细活儿，需要长时间集中精力，所以还会造成精神疲劳。

不过，完成剥离皮毛的工作后得到的成就感很强。此时，我们虽然很想喝一大杯啤酒后一头昏睡过去，但是接下来还有后续工作要做，依然不能放纵自己。

剥离下来的皮毛需要被洒满粗盐和岩盐，然后在4℃的室温下静置几天到一周。这是因为，海狗的皮肤含有大量水分，所以需要利用渗透压的作用尽可能地去除这些水分，以防止海狗的皮肤在干燥时出现收缩。我个人将这道工序称为“盐腌”。

海狗的皮毛浸泡在明矾水中（左）；专业人员在海狗的皮肤上刷盐（右）

在皮肤充分脱水后，海狗的皮毛还需要在10%的明矾水中浸泡一周，以保持其柔软度。这道工序叫作“鞣制”，是制作剥制标本的重要步骤之一。在用明矾水浸泡后，海狗的皮毛即可进入缝合阶段。经过这一连串的工序后，剥制标本终于制作完成了。

以制作剥制标本为生的从业者们拥有相当纯熟的鞣制技术，他们制作出的鞣制皮毛非常柔软，会让人情不自禁地想用脸去蹭一蹭，其成色与贵妇人穿的高级皮毛外套相当。

然而，我即使用同样的粗盐和明矾水对皮毛进行处理，做出的剥制标本依然只有粗糙的硬毛。这让我深切地感受到，若想成为这一行的专家，绝对无法一蹴而就。

话说回来，我们自己制作的剥制标本是用于研究的，因此就算手感略差一些，只要皮毛状态良好且动物特征明显就能满足需求。不过，我也想让它们的品质更加出色，即其皮毛更加柔软，面部表情更加可爱。

除了海狗之外，海豹、海狮、海獭和北极熊等有皮毛的海洋哺乳动物同样可以被制作成剥制标本。不过，没有皮毛的海豚、鲸、儒艮和海牛就很难被制作成剥制标本。它们就算被勉强制成了剥制标本，成品也会和真实的它们相去甚远，这就是鲸豚的剥制标本相对少见的原因。

博物馆人都是标本收集狂

日本国立科学博物馆的主要职责有三项，分别是收集标本、调查研究和普及教育。

其中，最根本的职责就是收集标本。如果没有标本，调查研究和普及教育就无法进行。打个比方，没有标本的博物馆就像没有食材的餐厅、没有学生的学校。因此，标本是博物馆里最宝贵的东西。

不过，海洋哺乳动物的标本极难收集。哪怕是以必要的调查研究为目的，我们也不能随心所欲地捕获它们并将其制成标本。

因此，利用被冲上海岸的动物尸体（搁浅尸体）来制作用于研究的标本成为了全世界的共识。基于此，就如我在序言中讲述的那样，一旦接到消息，得知某处有鲸、海豚等动物搁浅，我们就必须放下一切工作赶往现场。

除此之外，被官方驱除的有害兽类、水族馆饲养的动物在死亡后的尸体也可以用于研究。但是，像前文讲述的那样一次性得到 80 多具海狗尸体的机会实在不可多得。

或许有人会产生疑问："博物馆真的需要这么多标本吗？每种动物有几个标本不就足够了吗？"如果博物馆真的只需要少量标本，那么我的工作就会变得相当轻松。然而遗憾的是，区区几个标本远不能满足研究的需要。

若想了解一种动物的某项特征，至少需要 30 个标本作为调查研究的对象。除了动物的某些特征，例如肋骨数量、牙齿数量等数值的平均值，以及年龄、寿命、成年个体的平均体长等基本信息之外，若想了解一种动物是如何生存、发展的，它们与其他生物的共通性和区别是什么，就需要更多的标本。从标本中获得的信息越多，研究结果的准确性就越高。

遇到能制作成标本的海洋哺乳动物尸体的机会少之又少。正因如此，我们更要充分利用宝贵的海洋哺乳动物的尸体进行研究，尽可能地努力回收、制作并保管相关标本。

根据制作方法的不同，标本主要分为以下三种。

干燥标本：骨骼标本、剥制标本等

干燥标本包括由动物骨骼制成的骨骼标本，以及前文中提到的由剥离下来的动物皮毛制成的剥制标本等。

那么，为什么要制作两种不同的标本呢？举个例子，我们如果有抹香鲸和虎鲸的骨骼标本，就能根据标本的肋骨和盆骨证明它们是哺乳动物，还能根据标本的脊柱和舌骨发现它们独有的特点。

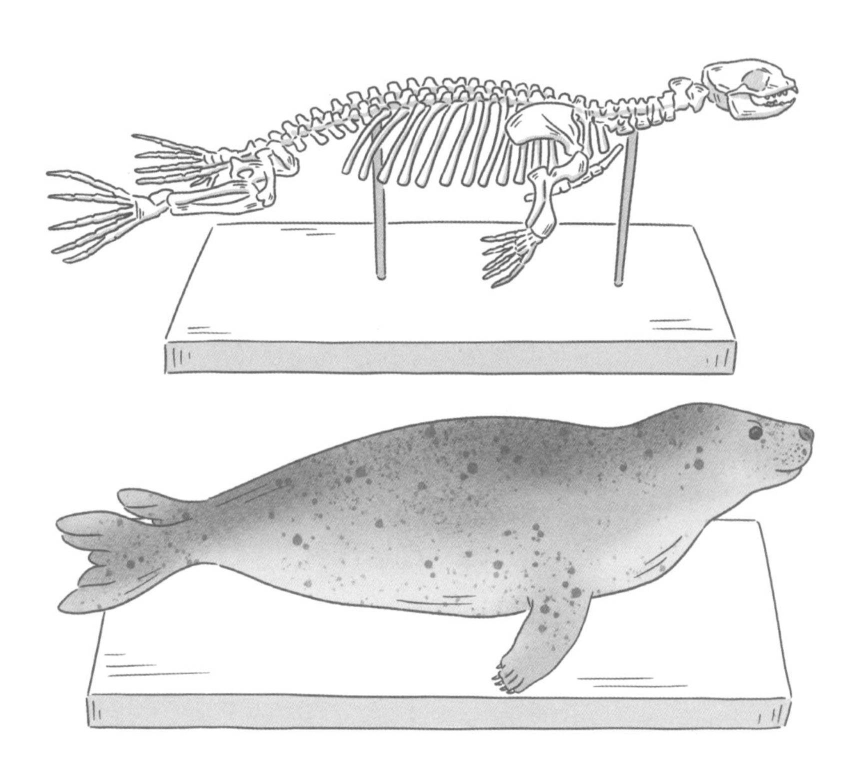

骨骼标本（上）和剥制标本（下）

再以海豹和海狮为例，调查它们的剥制标本能找到亲子毛色不同的原因。又如，从海獭的剥制标本中可以观察到，它的毛结构在动物界中是密度最大的。而且，随着年龄的增大，海獭的毛会和人类一样从头部开始变白。将幼体与成体的海獭标本放在一起进行比较能提高研究结果的准确性，在博物馆展示各种动物标本与研究成果还能让更多的人了解这些知识。

冷冻标本：保存在 −80 ~ −20℃的标本

人类社会产生的某些化学物质会导致环境污染，造成动物内分泌失调，不断对各种生物造成威胁（参考第 7 章）。为了找到这些物质，研究人员需要冷冻动物尸体的肌肉、皮下脂肪和脏器并进行专业分析。此外，无法立刻进行检查的搁浅尸体通常会暂时被冷冻起来，以便改日再进行检查，因此科博的冷库里冷冻保存着各种各样的动物尸体，它们都在等待检查日的到来。

浸制标本：浸泡在液体中的标本

有些海洋哺乳动物的表皮和肌肉会被浸泡在浓度 70%~75% 的酒精里，供博物馆内外的研究人员研究分类学与形态学。研究一种动物的食物、孕产期等生活习性是基础生物学的重要部分，因此研究人员需要将从动物的胃里提取出的食物残渣和生殖腺做成浸制标本进行保存。浸制标本也可以被做成冷冻标本，不过由于冷冻机器的购置与使用成本较高，永久保存冷冻标本的难度较大。基于此，能够在常温中保存的物质通常会被制作成浸制标本。

除此之外，近年来，根据3D、CT的数据资料，3D打印出来的物体越来越多地被当作标本处理。随着时代的进步，标本的种类和形态都在发生变化。

浑身沾满“骨汤”的气味

水族馆转让给科博的80余具海狗尸体大部分都被制作成了骨骼标本。

若想制作骨骼标本，只需要完成“煮骨头”这一项非常简单的工序。在煮骨头前，需要尽可能地剔除骨头上的肌肉，然后将其放入一个装满水的容器中煮就可以了。用于水煮的容器可以是任何材质的，无论是用来煮猪骨汤的直筒锅，还是用来煮奶油浓汤的慢炖锅都没问题，只要能够长时间加热骨头即可。

不过，科博里有专门用来水煮海洋哺乳动物骨骼的“秘密武器”，那就是定制的晒骨机。

晒骨机原本是医学院用来制作人体骨骼标本的装置，因此它不同于普通的加热机器，能够自动调节水煮的温度，控制盖子的开合。而且，科博的晒骨机甚至能够水煮体长 5 米左右的中喙鲸的骨头。

5 年前，我的师傅山田格老师为科博引进了第二台晒骨机，因此现在一台晒骨机用来水煮陆地哺乳动物的骨头，另一台则用来水煮海洋哺乳动物的骨头。

在晒骨机里水煮的骨头

不过，尽管它们是非常贵重的机器，我们平时还是会把它们称为“锅”。所以，后文中如果出现了“锅”这个词，请大家理解，它指的就是晒骨机。

虽然水煮骨头的方法非常简单，但是水煮海洋哺乳动物时依然需要花一些工夫。第一步，海洋哺乳动物的骨头需要用人体皮肤的温度（37℃左右）水煮 1 ~ 2 周，以分解其中的动物蛋白。第二步，水煮温度需要被提高至60℃左右，继续水煮1～2周，以去除骨头中的油脂。

也就是说，仅仅是煮骨头这道工序就要花费至少2周的时间。

因为海洋哺乳动物的骨头内部有大量海绵质（像海绵一样柔软的网格状组织），所以其中有很多小孔。这些小孔中会积攒大量油脂，因此通过长时间的水煮充分去除骨头中的油脂是提高骨骼标本质量的决定性工序。

在充分去除油脂后，要倒掉汤汁、取出骨头，然后用高压温水清洗机和刷子将骨头清洗干净，去除留在表面缝隙中的肌肉和油脂。

我非常喜欢洗骨头的工作。在清洗的过程中，骨头的表面会从淡黄色变成奶油色，逐渐呈现出骨头原本的色泽。这是一件让我非常开心的事情，我甚至能够从中感受到具有艺术气息的美。用同事的话来说，当我使用高压温水清洗机时，无论是手持软管的方式，还是腰部姿势都非常标准，“简直可以去当高压温水清洗机的专属广告模特了”。因此，我总是率先接下骨头的清洗工作。

洗净的骨头在常温下干燥（风干）后，质感会更好，成品也会非常美丽。最近，骨骼标本的外表是否优美、形态是否优雅受到了人们更多关注。有越来越多的美术馆和艺术出版社希望能租赁或者拍摄我制作的骨骼标本。这说不定代表着大家对骨头的欣赏水平提高了？

在制作骨骼标本时，除了用晒骨机水煮外，还可以利用虫子（皮蠹等）吃掉骨头上的软组织，或者在合适的地点将骨头埋藏数年后再重新挖掘等。

用高压温水清洗机清洗水煮后的骨头

后来，科博在参考国外的装置后，在晒骨机中添加了曝气（能够喷出纳米、微米级泡沫和氧气的装置）和有机物分解酶，改良了制作骨骼标本的方法，争取做出更优质的骨骼标本。

当听到制作骨骼标本要“煮骨头”时，应该有不少人会想到做拉面的豚骨汤吧。

博物馆的员工有时也会开玩笑，说要是有用新鲜的鲸类煮出的高汤，也许真能做出鲸骨拉面。

皮蠹在吃骨头上残留的组织

其实，就算是新鲜的鲸类，它的气味也绝对不会让人联想到美味的高汤，更不要说腐败尸体煮出的汤了，那气味刺鼻到不会让人想到这是可以用来喝的。

在制作骨骼标本的日子里，我从头到脚都会被鲸鱼汤的气味包裹。如果不洗澡，甚至无法进行正常的生活。不过，若与为高度腐烂的搁浅尸体做病理解剖相比，这气味也就算不了什么了。

单手拎起 20 千克不在话下

制作标本还需要足够的体力。

基本上，任何一种海洋哺乳动物的骨头都很重。在制作骨骼标本时，要先把沉重的骨头放进锅里，煮好后还要将它们从锅里捞出来，一块一块地清洗干净，再小心地运到干燥处，最后小心地运到收藏库内。这一连串的工作需要相当好的体力才能完成。

在搬运浸制标本时，标本的重量加上液体的重量会使搬运的难度更大。两只手分别提一个20升的福尔马林标本容器对我们来说是家常便饭。

将运到博物馆里的搁浅尸体搬至冷库里的工作同样是重体力劳动。

特别是在2020年之后，针对新冠病毒的防疫措施禁止多名员工一起进行解剖调查，因此每个人的负担都有所加重。例如，15头体长2.5米的海豚尸体仅允许由少数几个人搬至冷库里。在 -20℃的冷库里，我们需要一边工作，一边与严寒战斗。我即便总是以体力为傲，也忍不住想发出哀号。

海洋哺乳动物的体重恐怕会超出大家的想象。

当大家在水族馆看到海狗时，或许觉得一名女性稍微用力就能抱起它。实际上，一头海狗的体重远超过一名相扑运动员的体重。

举例来说，白鹏翔[②]身高 192 厘米，体重 158 千克，而体长 2 米的海狗重达 300 千克左右，相当于两个白鹏翔。

一头海狗与两个白鹏翔体重相当

总体而言，海洋哺乳动物的体重都很惊人。这是因为它们回到水中

② 日本相扑选手。

后摆脱了重力的束缚，不再需要靠自己支撑体重，所以与在陆地上生活时相比，它们的体形变得更大。

就连体长1米左右的海獭，成年后的体重都会超过40千克。若是与狗相比，一头海獭的体重就相当于一只雌性杜宾犬的体重。

而且，海洋哺乳动物的力量很强。

我听负责照顾海獭的水族馆饲养员说，人如果被海獭拉进水里，甚至会有生命危险。虽然海獭看起来只是天真无邪地邀请人类“一起来水里玩儿”，但是它的力量对人类而言有着致命的危险。

曾有一个真实事件，一名负责照顾海狮的水族馆饲养员因无法挣脱在水中嬉戏的海狮而溺死。海狮的体重超过1吨，人一旦在水中被它拉住，就算是老练的饲养员也会有生命危险。

那么，地球上最大的哺乳动物——蓝鲸的体重会重达多少呢？这是一件令人好奇的事情。

根据记录，蓝鲸的一根下颌骨大约重280千克。实际上，由于蓝鲸的身体过于巨大，目前并没有关于蓝鲸的全身体重的准确数据。

不过，在捕鲸盛行的时代，人们留下了将鲸鱼各个身体部分的重量相加后得出的数值。根据当时留下的记录来看，一头体长28 ~ 30米的蓝鲸能重达150 ~ 190吨。大型非洲象的体重为7吨左右，因此一头蓝鲸与20 ~ 30头非洲象体重相当。

在2018年，我参加了日本首次蓝鲸搁浅调查，那次调查记录下了全面而科学的数据。

我们调查的那头蓝鲸出生仅几个月，是个“还在吃奶的孩子”，体长10.52米，体重推测为6吨左右。当时，我记得媒体记者都异口同声地发出惊叹：“这头蓝鲸只是刚出生几个月的‘婴儿’吗？”

它的体长相当于一栋3层高的建筑，体重则与一头大型非洲象相当。然而，那头蓝鲸还只是一个“婴儿”，它的母亲有多大呢？这真让人难以想象。

好想得到一颗蓝鲸心脏标本

鲸鱼内脏的尺寸可谓非同寻常。

加拿大皇家安大略博物馆展出的蓝鲸心脏高1.5米，宽1.2米，厚1.2米，重量大约为200千克。这是一颗于2014年发现的蓝鲸心脏，研究人员花费了约3年时间才将它制作成为与初始实物等大的塑化标本(将内脏组织中的水分和脂肪替换成树脂而制成的标本)。

除心脏之外，大型鲸的其他脏器的尺寸同样格外巨大。

举例来说，我在解剖一头长 16 米左右的抹香鲸时，发现它的将血液从心脏输送到身体各处的大动脉竟与消防车的灭火水管粗细相当。

而且，它容纳内脏的胸腔和腹腔的空间也有四叠[3]半左右。在迪士尼动画片《木偶奇遇记》中，吞下盖比特爷爷的鲸鱼国王是一头巨大的抹香鲸（原作中是鲨鱼）。其实抹香鲸肚子里的空间确实很大，盖比特爷爷说不定真的可以在鲸鱼的肚子里生活。我不禁开始放飞想象，如果在蓝鲸的肚子里生活，是不是和在高层公寓里生活差不多。

盖比特爷爷的故事也许是真的

说到抹香鲸，以前还发生过一件事。

有一头抹香鲸在海岸上搁浅。为了称量它头部的重量，人们准备了一辆承重 40 吨的吊车。那是一头成年雄性抹香鲸，体长 16 米，体重推

③ 叠：日本面积单位，一叠相当于 1.62 平方米。

测为 50 ~ 60 吨。

抹香鲸的特点是头部很大，头长可以占到体长的三分之一。在称量前，大家都认为这辆吊车称量抹香鲸的头部绰绰有余。然而，这头抹香鲸头部的重量竟然超过了吊车的最大承重，导致称量无法进行。虽然吊车和抹香鲸头部的位置关系会对称量产生一定的影响，但是这个结果还是远超人们的想象。

而且，哪怕只是大型鲸的一根肋骨或脊椎骨，人类都很难不借助其他工具而独自搬运。一想到鲸这么巨大的动物竟然和我生活在同一个时代，我就会激动不已。

和已经灭绝的恐龙不同，体形庞大的鲸如今依然生活在海洋中。它们凭借巨大的肋骨抵抗海底压力，撑起胸腔维持肺部的呼吸，血液从硕大的心脏经过血管流向全身，巨大的脊椎骨缓缓晃动，这一切使它们得以悠然地在汪洋大海中遨游。我情不自禁地为这样的景象而感动。

我经常想，如果有更多的人能在博物馆等场所近距离地观看真正的鲸的骨骼和心脏，并感受到它们的巨大，该有多好。百闻不如一见，真实的标本是动物存在过的最好的证明。哪怕只是看到鲸的心脏，我都能真切地感受到鲸那充满压迫感的庞大体形。这就是在博物馆中展示动物标本的意义之一。

不过，科博里虽然有大型鲸的骨骼标本，内脏标本却屈指可数。我们很想尽可能地制作、收藏、展示与初始实物等大的心脏等内脏的标本，然而由于预算不足和制作场地有限等困难，目前很难实现。

当得知前文提到的加拿大皇家安大略博物馆有蓝鲸心脏标本的消息时，我既羡慕又不甘，不过作为博物馆人又有了新的目标。

一通“搁浅电话”打乱了日常工作

每周三，研究室中的员工会全体出动，处理博物馆的工作——与标本有关的业务，例如制作、整理、管理标本。因为博物馆保存、管理的标本数量庞大，交给谁来单独做都吃不消。因此每到周三，所有人都要一起参与。

在其他日子里，大家会各自专心地投入自己的研究工作。我除了制作、管理、研究标本外，还需要花时间撰写论文，同时完成收集各种数据的书面工作。其间，还有出席会议、接待前来参观标本的访客、接受媒体的采访等对外工作。

然而，有时一通电话就能让我的日常工作全部暂停，那就是关于动物搁浅的报告。正如我在序言中提到的那样，搁浅指鲸鱼、海豚等海洋哺乳动物被冲到海岸上的现象（详见第3章）。

搁浅是无法预料的事情。在接到搁浅报告前，没有人知道什么种类的海洋哺乳动物会在何时何地搁浅。在我上学的时候，一首名叫《突如其来的爱情》的歌曲非常流行，而搁浅也可以用“突如其来的搁浅”来形容。

不过，不可思议的是如果某位员工随口说一句“最近怎么没有搁浅报告啊？”，电话通常会立刻响起。

一旦接到搁浅报告，我们必须立即停下正在进行的所有工作并前去处理。这是因为，搁浅调查是在与时间赛跑。

搁浅在岸上的海洋哺乳动物大多是尸体，时间越长，腐烂程度越严重，病理解剖的难度越大。更令人苦恼的是，当地政府有权将漂到海岸上的海洋哺乳动物尸体或漂到海岸上才死亡的海洋哺乳动物当作大型垃圾进行处理。

对不关心被冲到海岸上的鲸鱼和海豚的人来说，这些搁浅的尸体大多会被当成散发恶臭的大麻烦。可是海洋哺乳动物的尸体上其实蕴藏着大量宝贵的信息。哪怕只是多回收一具海洋哺乳动物的尸体用来调查研究，也许就能找到造成海洋哺乳动物搁浅的原因，并收集更多以前没有掌握的生物的基础信息等。正因如此，博物馆进行了周密的安排，我们要在动物尸体被当成大型垃圾处理掉之前赶往现场进行调查。

打电话来的人，大部分是当地政府职员或博物馆、水族馆的员工，偶尔也有去海边游玩时发现搁浅动物尸体的普通游客。

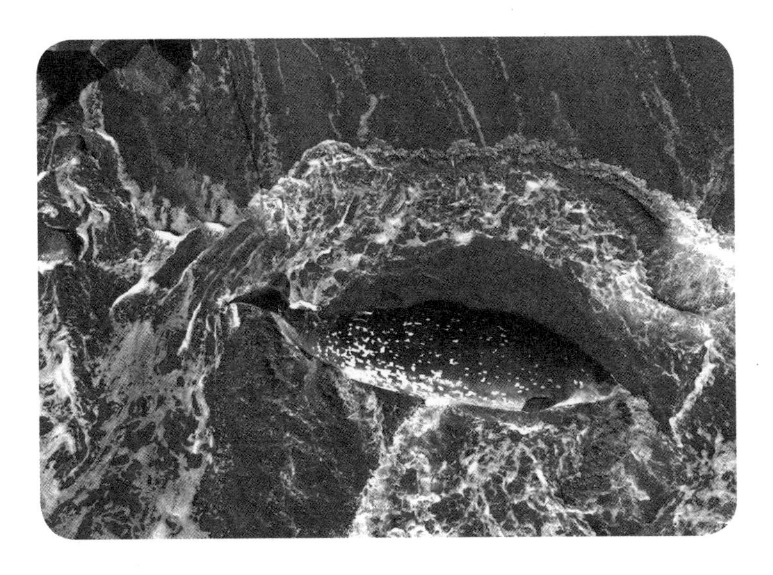

被冲上海岸的银杏齿中喙鲸尸体

无论是以上哪种情况，只要他（她）对搁浅有一定程度的了解，事情就能顺利进行。

尤其是博物馆、水族馆的员工，我们与对方交流起来会很顺畅。只需通过电话，对方就能告诉我们搁浅动物的种类与状态，以及目前的基本情况等，这样我们很快就能掌握此次搁浅的大致信息。

就算打来电话的人是普通游客，他们大多也对搁浅有一定的了解，不然也不会直接联系科博。因此，即便他们不知道搁浅动物的种类，在我们的询问下，他们也能描述出尸体的大致尺寸，尸体有无背鳍及其面部特征等。如果可以，我们还会请他们拍照发给我们。通过电话询问和观察照片，我们已经能得到相当多的信息。

但如果是当地政府的职员打来电话，就得费点功夫了。经常发生搁浅的地区暂且不提，如果是初次发生搁浅的地区，我们就要细心地向打来电话的职员解释、说明，请他们不要将尸体当成大型垃圾处理，并感谢他们对我们的调查活动的理解与支持。

具体来说，我会在做过自我介绍之后，仔细地向对方解释科博长年进行搁浅海洋哺乳动物尸体的调查工作，该工作能够从中发现什么信息，为什么必须调查等，逐一讲明缘由。

如果能幸运地得到对方的理解，并能通过照片确定动物的种类、掌握一定程度的基本信息，我便会立刻开始调配资源，安排搁浅海洋哺乳动物尸体的回收工作。

解剖调查中我们的装束

从制订能够前往当地调查的人员名单（不仅只有科博的员工，还有其他对搁浅工作有经验的人），到准备调查工具和工作服，再到确定运输方式及预约宾馆等，所有这些工作都必须在尽可能短的时间内完成，并付诸行动。

出发前的准备工作就像一场战役。我经常上午接到搁浅报告的电话，当天晚上就已经住进了调查现场附近的宾馆。不过，自从科博的车可以被借用后，交通终于变得便利起来。

我刚开始从事这项工作时，一般会坐电车前往现场。2001 年 3 月，日本海的海岸在一周内出现了 12 头搁浅的史氏中喙鲸，我不得不背着装满调查工具的大双肩包，双手提着沉重的工具箱乘坐人满为患的电车四处周转，当时我的手指头都快被勒断了。

当时，不仅我们自己非常辛苦，还给周围的乘客造成了很大的麻烦。一路上，我们一直在向乘客道歉。乘坐夜间巴士和卧铺火车前往现场的情况也不少见，不过只要不需要拿行李，我们就已经感到很幸福了。

身上的臭味引发了骚动

在搁浅现场进行调查时，我们同样要与恶臭“战斗”。

被冲上海岸的鲸鱼或海豚的尸体腐烂程度会随时间的推移而越来越

严重。刚死不久的尸体只会散发出血腥味或内脏的腥臭味，可是高度腐烂的尸体会散发出可怕的恶臭。

就算再嫌弃臭，只要一开始对腐烂尸体进行解剖，我们也会和臭味“融为一体”。在被臭味包裹住全身后，自己也成了臭味的“发源地”。

因此，一旦开始调查，我们几乎无法中途离场。在此过程中，为了防止感染我们会“全副武装”，还会事先准备好包括食物在内的必需品，可是唯一无法回避的就是去洗手间。

在一般情况下，我们会借用附近的公共卫生间。当然，我们会脱下沾着血沫的防雨斗篷、长靴和手套，尽量不让周围沾上臭味。尽管如此，在解剖过程中飞溅到脸上和头发上的血沫依然有可能在不注意的时候被带到公共卫生间里，这常常会吓到其他人。

此外，在调查结束后，身上的恶臭依然会导致许多问题。如果是开科博的车离开倒是没关系，可是如果因距离科博较远而需要住酒店，为了处理恶臭花费的精力就远多于去洗手间的了。

在进入酒店前，我们会将防雨斗篷等装进密闭性高的袋子里，换好常服，洗净双手，擦掉沾在脸上的血沫，并用除菌消臭剂清理头发。

然而，即便是这样也没法彻底消除臭味。因此，在登记入住时，为了分散臭味，我们会分批进入酒店，在乘坐电梯时同样如此。

在调查结束后，如果需要立刻坐飞机离开，则会更麻烦。我们如果不换衣服直接乘坐飞机，一定会因为身上的恶臭引发乘客骚乱，导致飞机无法起飞。而且，恐怕在办理登机手续的时候就会被拦住，毕竟身上的臭味太重了。

那么，要如何坐飞机离开呢？在去机场之前，我们会在当地的温泉旅馆洗去身上的污渍和臭味。不过，在温泉旅馆里也会遇到一些麻烦。

在旅馆登记时，我同样会事先采取除臭措施，然后进入女浴室。可是，温泉旅馆的更衣室里也充满热气。热气会将我身上沾染的臭味扩散到整个更衣室。

因此，在周围的人发现之前，我们必须在更衣室中分散开来，迅速脱下衣服进入浴室。不过就算是这样，依然经常因为身上的臭味而引发骚动。

闻到臭味的人们会先检查储物柜和垃圾箱，应该是在寻找有没有婴儿的尿布或呕吐物。接下来，他们会逐一打开卫生间的门进行检查。

有时，人们怀疑臭味是从外面进入的，因此会让旅馆的员工关上更衣室的窗户。虽然很想告诉他们这样做会适得其反，但如果我们因被发现是臭味的“源头”而被赶出去，就无法按计划登上飞机。于是，我们只能在心中说“请原谅”，然后迅速溜进浴室。

在经历过若干次这种情况之后，我现在已经拥有了以迅雷不及掩耳之势从更衣室脱下衣服并冲向浴室，以避免臭味散发到周围的本事。

有趣的是，我询问过男同事是否有相同的经历，他们竟回答男浴室里从来没有因为他们身上的臭味引发过骚乱，这真令人吃惊。难道人们对气味的敏感度存在性别差异吗？还是说这与人们对气味的敏感度无关，而是与人们对气味的容忍度有关？

如果你被我们熏过，对不起！

在前文中，我表现得好像对搁浅的海洋哺乳动物尸体的臭味避之不及的样子。

可老实说，我从在日本兽医生命科学大学上学时就有很多解剖陆地哺乳动物的机会，因此并不是特别在意海洋哺乳动物在腐败时散发的臭味。毕竟，我总是需要紧赶慢赶地对它们进行病理解剖，无暇顾及自己的感受。

而且，这也许与我对哺乳动物的感情也有关系。其实，我很难接受鱼类、贝类和两栖爬行类动物在腐败时散发的臭味，虽然我并不讨厌它们。

与我相反，曾经有研究鱼类和两栖爬行类动物的人员来到科博，碰巧遇到我们正在解剖哺乳动物，于是问道："我们无论如何都无法适应这股气味。你们都不在意吗？”就在那时，我确信了，就像我深爱着哺乳动物一样，这些研究人员也深爱着鱼类和两栖爬行类动物。

对普通人而言，气味也是神奇而特殊的东西。有一次，我在搁浅调查结束后前往新潟县的温泉旅馆时，经历了一件这样的事情。

那天，我顺利地洗净了身体，正泡在浴池里和同事们享受短暂的团聚。

这时，浴池里的一位大婶嘟囔了一句：“嗯？怎么有鲸鱼的味道？”

听见她的话，我和同事们面面相觑，开始担心自己身上还有臭味。四处查看之下，我发现了贴在手上的创可贴，情不自禁地说了一句：“是这个啊！”

那天，我在对鲸进行病理解剖时不小心用刀子割破了手指，用创可贴做了应急处理后就把这件事彻底忘在了脑后，导致自己贴着创可贴泡进了浴池。我把创可贴放到鼻子前一闻，确实闻到了淡淡的腐臭味。这位大婶可能就是闻到了创可贴上散发的气味。

我一边反省自己的大意，一边佩服这位猜到臭味来自鲸的大婶。

人类的祖先很早就能通过闻到的气味辨别物体，或许我意外地唤起了她与鲸有关的记忆吧。这件事让我觉得气味真的非常奇妙。

由此想到，那些在旅游时泡温泉的人如果碰巧闻到了我们散发的臭味，很可能在回忆这趟温泉之旅时同样会想起这股臭味。我想借此对曾经因为我们身上的恶臭而感到困扰的人们致以诚挚的歉意——你们当时闻到的臭味可能是我们身上散发的，非常抱歉。

今后，我们会继续进行搁浅调查，因此恐怕还会有不少人遭到我们身上的恶臭的“袭击”。我们会尽可能地乘坐公务车出行，不过如果大家以后在某时某地闻到了从来没有闻到过的臭味，还请大家谅解。

此外，如果这股气味能够成为大家思考“今天有鲸鱼漂到附近的海岸上了吗？”“为什么鲸鱼会被冲到岸上？”的契机，那么我们引发的“臭味骚乱”或许还能产生一点儿意义。

即使如此我也深爱海洋哺乳动物

如今，地球上栖息着大约 5400 种哺乳动物，其中生活在海洋中的哺乳动物大致可分为三类。

鲸类：蓝鲸、喙鲸和海豚等。

海牛类：儒艮、海牛等。

鳍脚类：海狮、海狗、海豹、海象等。

鲸类和海牛类动物一直生活在海洋中，而鳍脚类动物除了繁殖期等特殊阶段需要在陆地上生活之外，其他时间也都生活在海里。此外，和鳍脚类动物同属于食肉目动物的北极熊和海獭同样是难以离开海洋而生存的哺乳动物。虽然它们的进化过程各不相同，但是它们如今都生活在相同的地点——大海中。

我经常问自己，海洋哺乳动物为什么如此吸引我呢？也许因为它们庞大的体形能让我心生敬畏，而它们可爱的外形和动作又能治愈我。例如鲸，它有着其他动物难以企及的巨大体形，这确实是我最喜欢的一点。

在自然界中，体形越大的雄性越受雌性欢迎。似乎这个法则也适用于研究对象和研究人员之间。在从事与哺乳动物相关工作的人员中，女性的数量远多于男性。在研究鸟类的学者中，研究猛禽和大型鸟类的人员同样多为女性，而研究可爱小鸟的人员则多为男性。

我对鲸巨大的体形和优雅的身姿一见钟情。不过，在逐渐了解海洋哺乳动物的过程中，吸引我的就不再只是它们的外形，还有它们身上不曾放弃的哺乳动物特性。就算回到了海中，它们依然具有哺乳动物的特性，我从中感受到了它们的坚持。

以呼吸方式为例，既然回到了大海中，明明只需进化成用鳃呼吸就能生存得更加轻松，可是海洋哺乳动物依然在用肺呼吸。

因此，它们必须定期浮出海面以获取氧气。就连刚刚出生、还无法自由游动的海洋哺乳动物幼崽，也要跟着母亲一起浮出海面来呼吸。

而且，它们依然具有哺乳动物最大的特点——胎生和母乳喂养。在海中喂奶、吃奶对母亲和孩子恐怕都是一项挑战。

想到这里，我认为在进入海洋后依然保持哺乳动物的特性对它们来说是残酷的。不过正因如此，它们以坚强的意志做出继续作为哺乳动物在海中生活的选择，给我留下了深刻的印象。

虽然海洋哺乳动物的生活地点转移到了大海中，但是正如字面意思所示，它们依然是和我们一样的哺乳动物、脊椎动物、恒温动物，因此和人类有非常多的共同点。

例如，我在调查被冲上海岸的海豚和鲸鱼时发现，虽然它们的外观与鱼类相似，但是它们的内脏的组成和分布却与狗、牛甚至人类的相似。再如，通过接触水族馆等地方的海豚、海狮等可以感受到它们的体温，这也证明它们是恒温动物。

在疾病方面，海洋哺乳动物会患上很多与猫、狗、牛、猪甚至人类一样的疾病。这一点让我再次意识到它们是和我们一样的哺乳动物。

它们在进化的过程中选择返回海洋中，是所谓的“异类”。不过，我们通过探寻它们回到海洋中的原因，可以更加深入地理解以人类为首的陆地哺乳动物。我坚信这一点，因此现在依然投身于对它们的研究。

科博举办展览的过程

博物馆的主要工作之一是举办展览。

在举办展览前，需要思考展览的主题，并在做出决定后，从堆满古老标本的收藏库中和陈列着灭绝生物标本的架子上选出符合本次展览主题的标本。

除了供游客参观标本外，展览还是科博的研究人员们将日常的研究成果介绍给大众的重要机会。通过参观展览，更多的人将有机会了解海洋和陆地上的生物。我们希望展览能为新一代的研究人员提供学习上的帮助，从而使他们得以更快地成长。

科博的展览分为“企划展”和“特展”。简单来说，二者的区别在于规模的大小。企划展是科博独立举办的，而特展是科博和企业共同举办的。一般来说，因为特展的预算更充分，所以它的场地面积更大，展出的标本数量更多，展出的时间也更长。

基本上，特展每年举办 4 次，每隔 3 ～ 6 个月举办 1 次，由负责人决定特展的主题。不过，海洋哺乳动物的特展与昆虫等动物的不同，因为它无法在确定主题后再收集展览所需的标本。

因此，无论是否准备举办特展，从搁浅现场得到的标本都要及时被判断能否进行展出。如果可以，我们就要尽力将该标本以未来能够展出的形态保存并整理相关信息。

一旦决定举办特展，科博就会立刻召集相关员工进行讨论，先让大家分别提出自己的建议，再梳理此前特展的主题，寻找新的切入点和展览方式，最终定下草案。

此外，确定“特展的精髓”同样重要。科博会以草案为基础，邀请协办企业的负责人进行多次讨论，以求找到最佳方案。在会议中，我们经常会向协办方提出自己的方案，例如：“我们想到一个有趣的主题，并且拥有符合该主题的标本，这次可以举办该主题的特展吗？”我很喜欢讨论方案的过程。

在特展等展览中，最麻烦的工作是准备工作和撤除工作。

在进行准备工作时，因为开幕式的日期已经确定，所以绝对不能延期。不过，在准备过程中总会出现各种各样的意外情况，例如展示容器破损，标本损坏，某个展区的标本数量不足急需增加，或标本数量过多不得不减少，以及临时更换解说板等需要在现场随机应变的情况。

“抱歉，那个标本能不能移到这边，这个容器能不能稍微向右边移一移？”“这个标本挂高一点儿更方便观赏。”“这里放另一个标本会更好，现在可以更换吗？”

因为即便只移动一个标本也是一项“大工程”，所以我们在做准备工作时总会手忙脚乱，这种情况哪怕是大家从两年前就开始准备也无法避免……

不过，科博的所有员工都希望来看展览的人们能更加享受参观的整个过程，因此总是会积极地提出一个又一个精彩的创意。

实际上，无论事先在会议室中看着展览的示意图讨论过多少次，我们还是只有在实际来到会场摆好标本并为它们配上解说词之后，才能意识到本次展览真正应该传达的内容是什么，以及为了传达这些内容我们需要做什么。

在不断积累经验的过程中，我已经养成了在日常进行调查和研究的同时思考下一次展览的安排的习惯。例如，我在进行调查和研究时会思考“这个标本可以在‘哺乳动物进化史’的展览中展出”“虽然这次的调查很辛苦，但是我们得到了能向孩子们展现动物生态的标本的机会，真好”等。

在特展举办的第一天，当我们利用有限的时间和预算共同制作出的标本首次展现在前来参观的观众面前时，只要听到观众说出“哇，鲸鱼的骨头这么大啊”“海象的牙齿好帅气”之类的赞叹，此前的疲劳就会一扫而光。每当此时，我总是会站在剥制标本的后面握紧双拳，摆出胜利的姿势。

第2章

被冲上海岸的鲸

与蓝鲸的相遇

2018 年 8 月 5 日是一个阳光明媚的周日。傍晚，我在家里悠闲地看电视时，突然看到一条新闻——在神奈川县镰仓市的由比滨发现了一具鲸的尸体。

“鲸！”

我的脑子瞬间从放空中清醒过来。这是因为，新闻中一闪而过的鲸是我此前很少见到的。

“难道是它？”

一种预感在我的脑海中浮现。为了马上了解这头鲸的详细情况，我给神奈川县立生命之星・地球博物馆的研究员樽创先生打去了电话。樽先生是古脊椎动物学及功能形态学专家，同时也从事鲸类等海洋哺乳动物的研究工作。既然是发生在神奈川县的鲸类搁浅事件，那么问他是最好的选择。

果然，我从樽先生口中得到了许多信息。据他介绍，在当天下午

2 点左右，一个在海边散步的人发现了这头被海浪冲到岸上的鲸，于是报了警。随后，当地警察联系了镰仓市政府和新江之岛水族馆。在新闻播出时，该水族馆的员工已经到达现场确认了情况，并给被冲上岸的鲸拍了照。

不过，当天是周日，正式调查只能推迟到第二天开始。听完樽先生的介绍后，我又给科博的山田格老师打去电话，与他讨论要如何处理这具鲸尸。最终，我们决定先看一看这头鲸的照片。

在看到水族馆发来的照片后，我心想果然如此，这就是我从小憧憬的蓝鲸。不出意外的话，这将是日本国内首次发生的蓝鲸搁浅事件。

鲸搁浅的由比滨离我家很近。虽然理智告诉我所有事情都要等明天到达现场再说，而且当天晚上还有早就约好的大学同学聚餐，但我还是忍不住一边吃饭一边在脑海中做好了关于这具鲸尸的研究计划。

如果它真的是蓝鲸，如何展开学术调查？如何与当地政府交涉？如何应对为采访日本国内首次蓝鲸搁浅事件而蜂拥而至的媒体记者？我在当晚紧张得几乎没有睡着。

第二天早晨不到 6 点，我就已经到达了搁浅现场。从早晨 6 点开始，当地博物馆和水族馆的员工纷纷到达搁浅现场，我参与了关于这具鲸尸处理方式的讨论。

最开始，我们尚未确认搁浅的动物就是蓝鲸。可是，从胸鳍的形状、身体的颜色及鲸须的颜色和形状等方面来看，这基本上是板上钉钉的事情。无论如何，我们都不能让它被当成大型垃圾处理，必须尽快对它展开调查。为此，我们必须得到神奈川县政府和镰仓市政府的认可。

如果漂到海岸上的海洋哺乳动物已经死亡，那么日本水产厅就会发出指示，要求地方政府自行判断是否焚烧或者掩埋。不过，只要能得到地方政府的许可，我们就可以在对动物尸体进行病理解剖之后，向相关机构提交规定文件，申请保留其骨骼等标本供学术研究使用。

前文提过，对不关心鲸的人来说，漂到海岸上的巨大的鲸尸大多会被当成棘手的东西。而且，随着内脏的腐烂程度越来越严重，尸体散发的恶臭会越来越强烈，当地政府极有可能因此而不断地接到投诉电话。我非常理解大家想要立刻解决这件事的心情。

正因如此，我们这些人有义务来到现场，为众人耐心地解释鲸尸的珍贵价值。

虽然已经习惯了与地方政府进行交涉，但是由于见到蓝鲸十分兴奋，加上不容失败的压力，我的情绪比往常更加激动，甚至到现在还记得自己当时讲述的内容有以下 3 个重点。

① 这是日本国内首次发现搁浅的蓝鲸尸体，意义重大。

② 作为研究人员，我与同事们有必要对这具尸体进行详细的学术调查，为海洋哺乳动物领域的研究做出贡献。

③ 这头搁浅的蓝鲸是幼体，它的母亲或许还在附近，找出这头蓝鲸死亡的原因非常重要。

以这3点内容为重点，我仔细地向当地政府逐条说明了我们的调查目的。当地政府的工作人员认真地倾听了我的讲述，随后我们顺利地获得了当地政府的调查许可。于是，日本国内首次蓝鲸搁浅事件的相关调查由此开始。这是一次体系完整的调查，包括病理解剖及采集各种标本。我恐怕一辈子都不会忘记当时那种安心和喜悦夹杂在一起的心情。

居然是一头鲸宝宝

早晨7点，万里无云，从沙滩看远方的江之岛清晰可见，我在清新的空气中开始了对鲸尸的调查工作。

首先，要拍摄搁浅鲸的全身照及其胸鳍、背鳍、尾鳍等部位的照片，并为它测量体长。其次，要测量鲸眼睛到耳朵的距离、肚脐到肛门的距离等标准统一规定的相关数据。此外，要进一步观察，检查鲸是否有外伤、寄生虫及鲸须的状态等。

不过，海水在4小时后出现了涨潮，为了避

免鲸被海浪冲走，调查被迫暂时中断。我们只能用重型机械将它吊离水边。

当天下午，国内外研究鲸类的学者们陆续到达由比滨。以当地的新江之岛水族馆的研究人员为首，筑波大学、北海道大学、宫崎鲸鱼研究会、宇都宫大学、长崎大学、东京海洋大学、日本鲸类研究所、首尔大学等著名学术机构的精英纷纷集结，组成了一支强大的调查队伍。科博也派出了包括我在内的5人作为该调查队伍的核心成员。

距离发现这具鲸尸只过去了一天，由比滨就已经聚集了众多高水平的研究人员，这多亏了大家在此前数次共赴搁浅现场时建立的“信息网”。除此之外，来到这里的每一位研究人员都强烈地希望自己能够参加本次调查。

江之岛发现的蓝鲸。左侧是蓝鲸的头部，它仰面朝天躺在海岸上

研究鲸类的人一旦有机会调查真正的蓝鲸，一定会不惜一切赶往现场。这也许是一辈子只有一次的宝贵机会。没错，蓝鲸就是海洋哺乳动物中如此特殊的存在。因此，我们这支调查小组的士气自然格外高昂。

经过一天的调查，我们最终确定搁浅的就是蓝鲸。蓝鲸的特征主要有以下 5 点。

① 体色为深蓝灰，体表有碎白点花纹（白斑）。

② 胸鳍的形状非常特殊。

③ 相较于巨大的体形，背鳍尺寸较小。大型鲸的背鳍尺寸普遍较小，而蓝鲸的这个特点格外突出。

④ 鲸须为漆黑色。在不同物种的鲸类身上，鲸须的颜色和形状各不

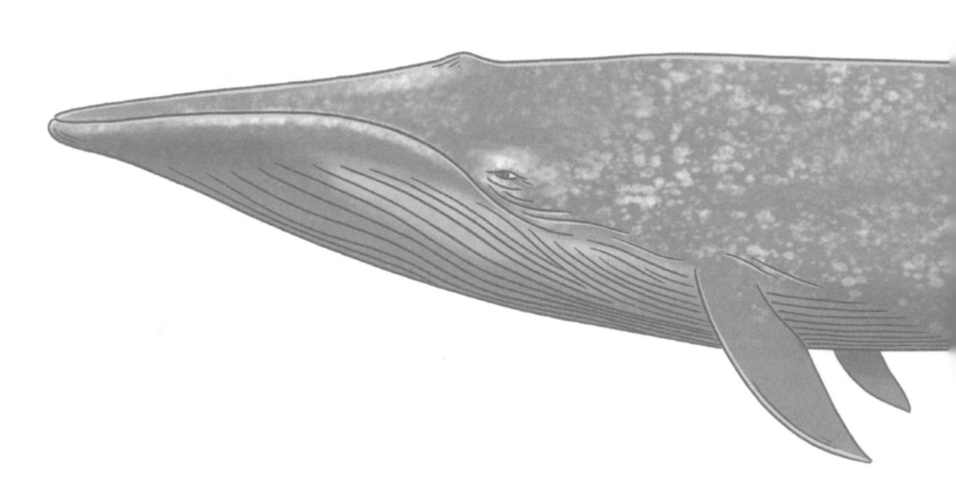

蓝鲸，体长约 25 米，巨大的身体上遍布碎白点花纹

相同，其中蓝鲸的鲸须呈漆黑色。

⑤ 身体比例非常特殊。头部等身体部位与整个身体的比例、相对位置等，棱纹的位置、数量，以及尾鳍和背鳍的形状、位置等都可以作为判定动物物种的依据。对人类而言，说一个人的身体比例非常协调多半是在夸赞对方的漂亮帅气，而动物的身体比例则大多被当作判定动物物种的依据。

这头体长为 10.52 米的雄性蓝鲸很可能仅出生了几个月，还是需要母乳喂养的幼体。而且，根据腐烂程度来看，它很可能在几天前就已经死亡。我们推测，它应该是在距离搁浅海岸不远处的海中死亡，再顺着海流漂到了这里。

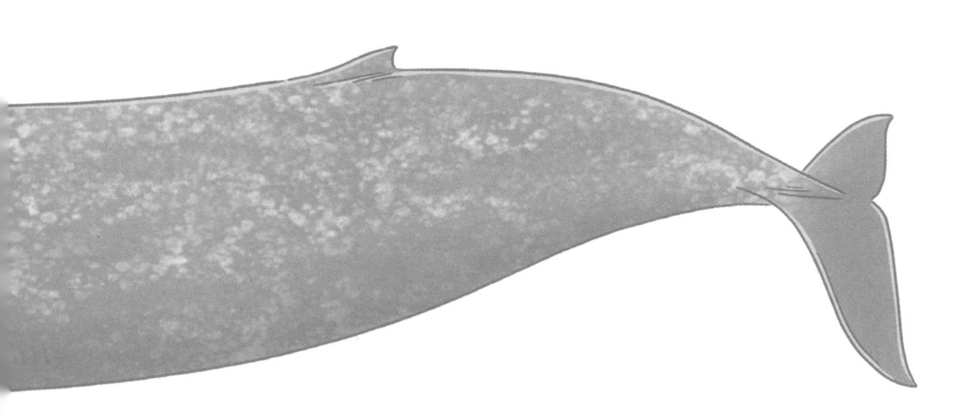

鲸宝宝的死亡是一件令人悲伤的事情。我在心中发誓，一定要对它进行周密的调查，让它的身体为人类的科学研究做出贡献。

在鲸宝宝的胃里发现了塑料片

为了查明鲸宝宝的死因和搁浅原因，我们本想当场为它开腹，检查它的内脏。可是，鲸宝宝搁浅的由比滨是日本著名的景点，于是我们与政府协商之后，决定之后在其他地方进行对内脏的检查。

当天傍晚，鲸宝宝被装在两辆承重5吨的卡车上拉走了。第二天早晨，由日本国立科学博物馆、筑波大学、北海道大学、长崎大学、首尔大学的研究人员组成的调查组正式展开调查。

我们要寻找鲸宝宝的死因。

海洋哺乳动物由于外因而死亡的例子并不罕见。具有代表性的例子有：①与船只相撞；②被渔网等物品缠住；③被鲨鱼、虎鲸等“外敌”袭击。然而，我们通过观察这头鲸宝宝的体表，既没有发现与船只相撞后形成的挫伤和骨折的痕迹，也没有发现被渔网等物品缠住后留下的网状勒痕和撕裂伤。此外，我们没有在它的体表发现遭遇鲨鱼、虎鲸等“外敌”袭击后会出现的咬痕和打斗伤。于是，外因被全部排除。

接下来，我们开始检查它的内脏。当时正值夏日，酷暑加快了内脏腐烂的速度，因此来不及检查所有的内脏。最终，在被检查的内脏上没有发现明显的异常。

鲸宝宝的胃里几乎是空的，不过肠道里有内容物残留，这表明鲸宝宝在出生后曾经喝过母乳。

根据这些信息，我们推测鲸宝宝很可能在死亡前几个小时与母亲失散，最终由于无法独立生存而死亡。

在解剖调查结束后，大家决定由科博将鲸宝宝全身的骨骼做成标本并保管。刚出生不久的鲸宝宝有一部分骨头还是柔软的软骨，那份柔软让我们愈发感受到“生命的重量”。于是，我们尽可能多地将它的骨骼标本带回了科博。如今，这副骨骼标本正被精心地保管在科博的收藏库中。

在此后的研究中，我们首次获得了栖息在北太平洋美洲沿岸的蓝鲸的部分基因信息，因此得以将其与此前已经得到的蓝鲸的基因信息进行比较（本部分内容源自宫崎大学西田伸老师的研究成果）。

只要掌握了这些基因信息，我们在未来就能知道鲸宝宝与那些生活在北太平洋美洲沿岸的蓝鲸究竟是“亲戚”还是“陌生人”。这是因为，基因信息包含着生物的各种信息。

北海道大学的松田纯佳女士在分析鲸宝宝的鲸须后得出结论，鲸宝宝生前曾经和母亲一起在岩手县的近海中洄游。这个结论与岩手县在日本的捕鲸全盛时期留下的捕获蓝鲸的记录，以及蓝鲸栖息地的记录均相符。

已知，鲸类的体表有各种各样的寄生虫。在鲸宝宝的体表，我们采集到了多个寄生性甲壳类寄生虫“鲸羽肢鱼虱”，这些寄生虫属于桡足类管口水虱目羽肢鱼虱科。世界各地的海洋中都生活着鲸羽肢鱼虱，不过此前在日本周围的海域中，只有小须鲸（与蓝鲸同属于须鲸科、须鲸属）的身上被发现有鲸羽肢鱼虱寄生。因此，这是第一次在日本周围海域的蓝鲸身上发现这种寄生虫（本部分内容源自鹿儿岛大学上野大辅先生的研究成果）。

此外，我们发现鲸宝宝的体内含有大量环境污染物（本部分内容源自爱媛大学沿岸环境科学研究中心的研究成果）。在进一步检查鲸宝宝的内脏后，在它的胃里发现了长达 7 厘米的塑料片。

虽然这片塑料并不是导致鲸宝宝死亡的直接因素，但是在刚出生不久的鲸宝宝的肚子里发现来自人类社会的环境污染物这件事，依然对我们产生了巨大的冲击。根据神奈川县环境科学中心的分析来看，这片塑料是用聚己内酰胺制成的薄膜。

蓝鲸宝宝搁浅发生地——神奈川县的知事在知道这件事之后，发表了《镰仓塑料垃圾零宣言》，这让神奈川县迈出了解决环境问题的一大步。

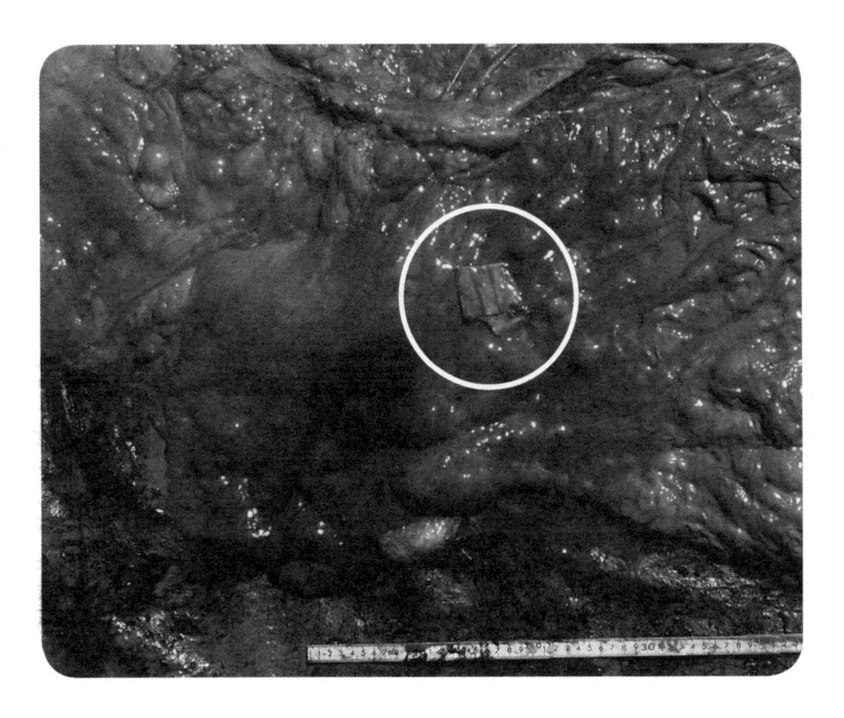

在鲸宝宝的胃里发现的塑料片

如果当初鲸宝宝的尸体被当成大型垃圾处理掉，那么这个事实就不会被我们发现。由此可知，海洋哺乳动物的尸体不仅能向我们传达其自身的生存情况，还能告诉我们海洋环境的现状。

险些鲸爆的灰鲸

2007 年 8 月，一头与蓝鲸同样一生难遇的珍稀鲸类在苫小牧市的海岸上搁浅，它就是须鲸亚目的灰鲸。灰鲸的体长可达 12 米左右，它们多在沿岸海域活动，主要以浅海泥沙中的虾蟹等底栖生物为食。

灰鲸曾经生活在北半球的大西洋和太平洋中，不过由于人类过度捕

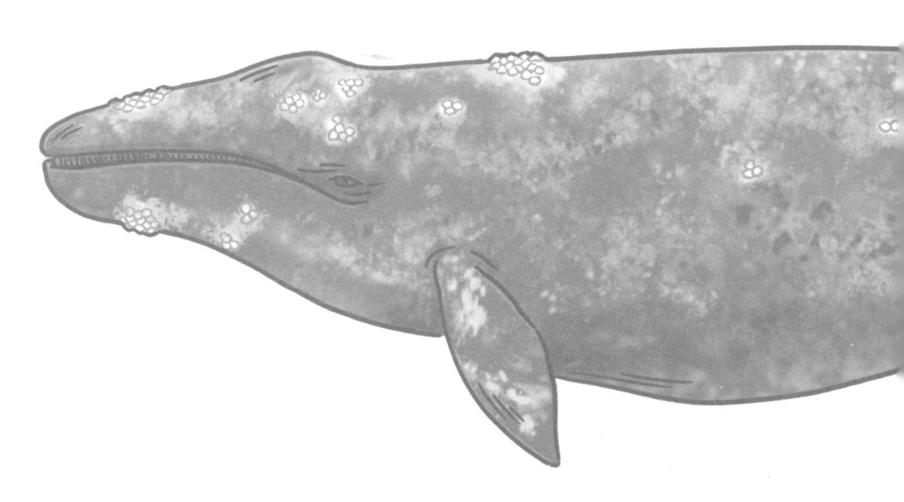

灰鲸，体长约 12 米，背鳍后方有波浪形的嵴

猎，北大西洋中的灰鲸已经灭绝，现在只有北太平洋中还生活着灰鲸，因此，灰鲸在世界范围内都属于生存受到威胁的鲸类之一。

而且，在北太平洋的灰鲸中，生活在西北太平洋（指俄罗斯、中国、韩国、日本沿岸）的灰鲸估计仅有 150 头，属于濒危物种。如此稀有的鲸在北海道搁浅了。

据说，搁浅的灰鲸是雌性。生活在西北太平洋中的灰鲸是一种神秘的鲸，我们甚至不知道它们在什么地方生育后代，这更让我想一探究竟。通常而言，为了留下数量稳定的后代，各类生物中存活的雌性会多于雄性，灰鲸同样如此。

科博的员工在收到消息后立刻前往北海道。苫小牧市在距离札幌向南大约 70 千米处，紧邻太平洋。我们推测，苫小牧市也许正好位于灰鲸在夏季北上前往俄罗斯沿岸海域觅食的道路上。

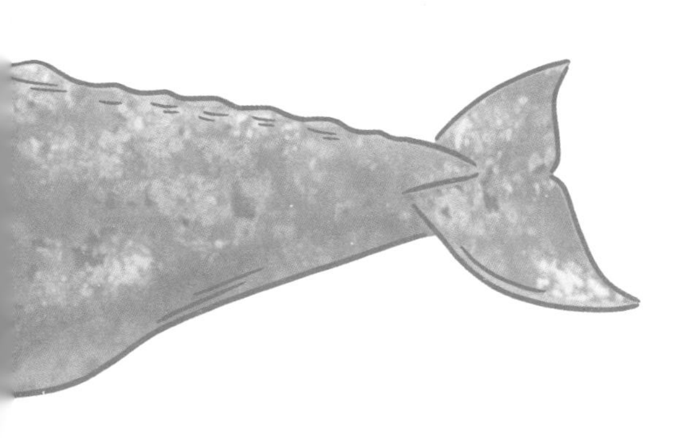

当我们到达苫小牧市的海岸时，几位著名的研究者已经先行到达，其中就包括当时日本鲸类研究所的石川创先生。

石川先生毕业于旧日本兽医畜产大学（现为日本兽医生命科学大学）。他长年担任调查捕鲸团团长，多次参与南大洋及其沿岸的捕鲸活动，是有丰富的搁浅调查经验的老前辈。

当时正值夏日，灰鲸尸体的腐烂速度很快。

一般而言，大型鲸都拥有相当厚的皮下脂肪，有些物种的大型鲸的皮下脂肪甚至厚达 30 厘米。在活着时，皮下脂肪能够帮助鲸类在深海里维持体温，然而在死后，这层脂肪会导致体温难以下降，从而使尸体腐败的速度加快。如果置之不管，其体内会繁殖出大量细菌并产生气体，最终鲸类的身体会像气球一样膨胀起来直至爆炸。

我曾经给前来科博参观的孩子们讲过这个现象，孩子们听后都兴奋不已，纷纷问道：“天哪，鲸鱼真的会爆炸吗？”

实际上，即便是成年人也可能觉得此事难以置信。视频网站上有很多大型鲸在海岸上爆炸的视频，为了更深刻地意识到不要随意靠近在海岸上搁浅的鲸类的重要性，请大家一定要找机会观看相关视频。

专家一眼就能看出鲸类爆炸的前兆。当鲸尸内充满气体时，胸鳍会在尸体膨胀的同时慢慢竖起。根据胸鳍竖起的程度，我们就能推测出其腐败的程度。

当时，距离搁浅的灰鲸被发现已经过去两天，其胸鳍已经完全竖起，也就是说它的腐烂程度很高，体内充满气体，随时有可能爆炸。再过不久，它的内脏就会变成糊状，从而导致病理解剖无法进行，我们将失去千载难逢的解剖机会。

解剖的“第一刀”由我负责。为了测量脂肪的厚度，我选择先在它鼓鼓囊囊的肚脐处下刀。刚切下去，肚脐处的皮肤就因内部的压力而被撕裂，发出“啪啪”的声音，肠子也从切口处“哗啦哗啦”地涌出。

我差一点儿惊呼出声，可是当时以石川先生为首的老前辈们都在周围，因此我只能努力地保持冷静，在鲸尸飞溅的体液和脂肪的包裹中默默地继续进行解剖工作。

不论解剖过多少次搁浅的鲸类，每次还是非常紧张。即使解剖顺序和解剖技巧都牢记于心，由于一时疏忽，也还是会偶尔忘记收集重要信息、忘记采集重要标本或切伤自己，等我发现时则为时已晚，追悔莫及。

灰鲸的胸鳍已经完全竖起

这一次，我面对的海洋哺乳动物是稀有物种，需要采集尽可能多的信息和标本留给后世。作为科博员工和研究者，我感到肩负着巨大的责任。

在解剖的过程中，我一直思考着各种各样的问题，例如有没有遗漏什么信息，有没有忘记什么事情，是否在每个部位都采集到了合适的标本，以及为了方便科博今后对这些标本的保存和管理现在必须做什么等。或许是因为调查人员都在不断思考，调查现场往往格外安静。我的大脑要在专注于解剖工作的同时飞速运转，因此很少在进行解剖时与别人对话。

也许有人会感到疑惑——我们为什么不将灰鲸尸体整个冷冻起来，等安排清楚所有事项后再慢慢调查？实际上，这简直就像是在做梦，很难实现。

由于灰鲸尸体的腐烂程度已经很高，很遗憾无法断定其死因。不过，根据其乳腺的发育程度，我们可以确定这是一头性成熟的雌性灰鲸，而且曾经怀孕过。

我们在这头灰鲸的胃里找到了内容物，这说明它在日本周围的海域中吃过食物。之前的研究表明，进行季节性大规模洄游的灰鲸在移动过程中或繁殖海域里不会积极地进食。但是，在这头灰鲸的胃里发现的内容物为相关研究提供了新的证据。

此外，我们收集了多项基础生物学数据，这些数据已由各位研究者带回了各个学术机构。

在结束解剖的瞬间，我在感到充实的同时大大地松了一口气。

巨大的须鲸只吃小鱼小虾

自古以来，鲸对日本人来说就是一种特殊的存在。人们还不了解海洋哺乳动物与鱼类的区别时，鲸就已经成为了日本人敬畏的对象。

这可能是由于鲸极具压迫感的巨大体形，也可能是由于日本人在鲸身上捕捉到了某种同为哺乳动物的气息。

如今，在世界范围内共发现了约 90 种鲸类，其中一半的鲸类在日本列岛周围的海域中生活或洄游。因此，日本可谓是全世界独一无二的“鲸鱼王国”。

鲸类大致可分为须鲸和齿鲸两种。顾名思义，嘴里长有须板的鲸类是须鲸，嘴里长有牙齿的鲸类是齿鲸。

首先，我来为大家介绍须鲸。

目前，全世界的海洋里生活着 4 科 15 种须鲸。听到“须鲸”这个名字，很多人或许一头雾水。其实，日本人熟悉的鲸类中就有须鲸。从秋季到早春，在小笠原群岛和庆良间群岛的海域中能够观察到的大翅鲸就是须鲸的一种。

须鲸通常体形较大，生活在南半球。体形最小的须鲸——小露脊鲸体长也能达到 6 米左右。世界上最大的哺乳动物——蓝鲸也是一种须鲸，体长甚至可达 30 余米。

大家也许认为，如此巨大的须鲸一定需要高热量的饮食。其实，须鲸的饮食极为“朴素”。它们的主食是磷虾等浮游动物和虾、蟹等底栖动物，此外是沙丁鱼、柳叶鱼、鲱鱼等群居鱼类，这与它们巨大的身体

大翅鲸，体长可达 15 米左右，拥有狭长的胸鳍

形成了强烈反差。

吃这么迷你的食物，须鲸的身体为什么会如此巨大呢？原因是它们的食量惊人。

大多数须鲸会进行长距离的季节性洄游，即从春季到夏季前往寒冷的海域（高纬度地区的海域）觅食。因为在这段时间里，南极和北极周围海域的浮游动物会出现爆发性的增殖，因此须鲸会游到这些海域中大饱口福，从而让身体迅速长大。

在夏季补足营养的须鲸为了生育后代，从秋季到早春会前往温暖的海域（低纬度地区的海域）。人们在小笠原群岛和庆良间群岛上之所以能够观察到须鲸中的大翅鲸，就是因为它们结束了繁殖期，要带着孩子进行大规模洄游，重新回到食物丰富的白令海等寒冷的海域饱餐一顿。

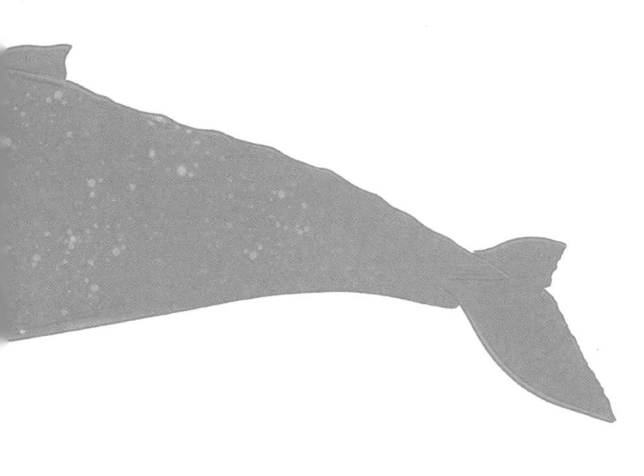

须鲸的高效捕食法

听到“须鲸”这个名字，大家或许认为它们长着人类的胡须。不过，须鲸嘴里的须板无论是外形还是作用都和人类的胡须相去甚远。

长须鲸的须板

在进化的过程中，为了更加轻松、高效地捕食，须鲸改变了头部的结构，使嘴里长出须板，从而掌握了利用须板从海水中过滤食物的捕食方法。

须鲸的捕食方法主要有以下 3 种。

① 撇滤进食

须鲸中的露脊鲸科的捕食方法叫作撇滤进食。它们的上颌像弓一样弧度很大，且与下颌之间的空隙较大，因此嘴里的空间非常宽阔。

其中，从上颌垂下的又长又大的三角形纤维状结构就是须板，它就像居酒屋入口处的门帘。须板呈板状，由沿着上颌密密麻麻长出的鲸须构成。

须板是角质（一种坚硬的蛋白质）化的部位，相当于人的指甲或皮肤。因此，我们只需摸一摸自己的指甲或皮肤，就能得到最接近角质化物质的触感。不过，须板在干燥后会变硬，很容易把人的手部皮肤划伤，因此在触摸时一定要小心。

露脊鲸科为什么会长出像弓一样的上颌和又长又大的须板呢？这是因为，它只需在游泳时稍微张开嘴，磷虾等浮游动物就会和海水一起不断地自动进入它的嘴里，而在经过须板的过滤后，只有食物会被留在嘴里，海水则从嘴角被排出。

不同须鲸的须板的颜色、形状及须毛的颜色、形状各不相同，可以作为判定鲸类物种的依据。例如，须鲸中须板最长的是露脊鲸科的鲸，露脊鲸和弓头鲸的须板长度可达 2 米。

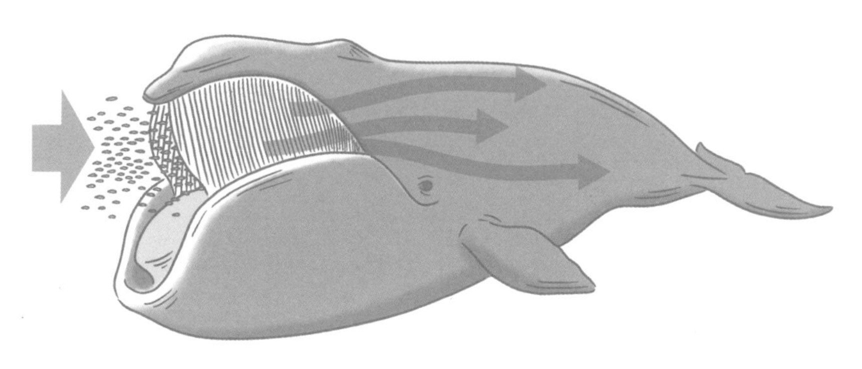

撇滤进食

顺便一提，露脊鲸的须板较长且富有弹性，因此在西方常被用来制作女性的紧身衣和小提琴的琴弓，在日本则常被加工为钓竿、扇子、梳子和机械人偶的发条，如今依然是一种宝贵的材料。

② 底部滤食

底部滤食是须鲸中的灰鲸独有的进食方式。灰鲸的主要食物是生活在浅海泥沙中的虾、蟹等底栖生物。它的上颌略微弯曲，其弧度小于露脊鲸的上颌，不过依然能增加口腔内部的容积。为了捕食底栖生物，灰鲸通常会将身体右侧朝下（选择右侧朝下的灰鲸更多，但至今原因不明），将食物和海底的泥沙一起从张开的嘴巴右侧吸入嘴里，再将海水和泥沙用鲸须过滤后从左侧吐出，最终吞下留在嘴里的食物。

底部滤食

或许是因为灰鲸的食物大多生活在靠近岸边的海底，所以它们栖息的海域和洄游的路线都非常靠近岸边。在美国的加利福尼亚州，人们在海岸上经常能看到灰鲸的身影，因此观鲸活动盛行，灰鲸也成为了加利福尼亚大受欢迎的鲸。

此外，灰鲸会频繁地将头探出海面（浮窥）。据说，这种行为是为了观察周围的地形和景色。说不定，它们同样是在观察人类的生活，并在心里想：“今天人类也在辛勤地劳动啊……”

③ 吞没滤食

须鲸科进食场景十分有趣。其上颌的弯曲程度同样小于露脊鲸的上颌，而下颌和头骨的关节由强韧的纤维相连，就像蛇能整个吞下比自己更大的食物一样，须鲸科在捕食时会张大嘴巴，一口气吞下大量的海水和食物。这种捕食方式就叫作吞没滤食。

在一般情况下，我们认为鲸类的皮肤几乎没有弹性，特别是大型鲸，因为它们的皮肤极厚且富含纤维成分，可以说完全无法伸缩。

可是，须鲸科的鲸为了捕食，腹部的皮肤在进化的过程中出现了像手风琴一样的褶皱，从而产生了弹性。这种褶皱叫作褶沟，一直从鲸的喉咙延伸到肚脐附近。

那么，它们如何利用褶沟进行捕食呢？

就像我刚才介绍的那样，须鲸科会一口气吞下大量的海水和食物，让它们流入褶沟处的皮下空间（腹囊），然后利用下颌、舌头和褶沟肌肉重新让食物和水回到嘴里，最后利用鲸须的过滤作用将海水排出，只让食物留在嘴里。可以说，须鲸科是超乎人们想象的“大胃王”。

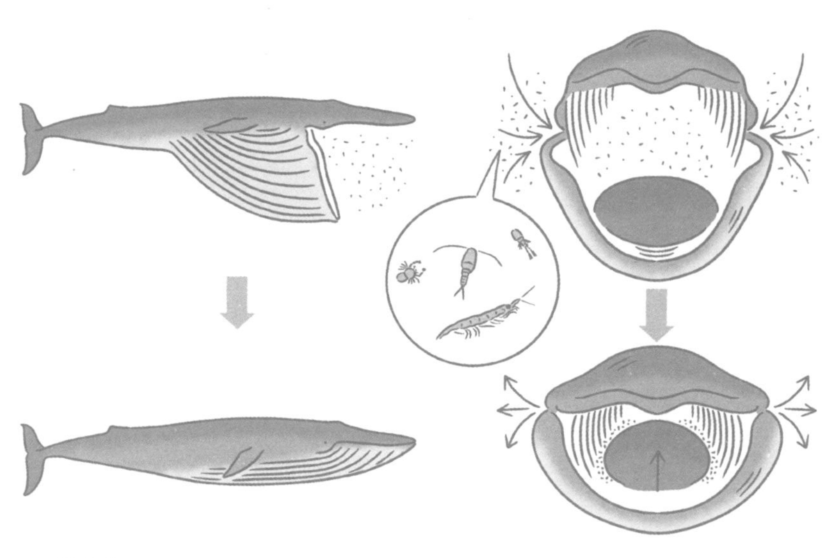

吞没滤食

不过，蓝鲸、长须鲸等大型鲸吞入褶沟处的海水和食物重量极大，依靠自身的力量实在无法处理，因此它们要翻转身体，借助重力让水从位于下方的鲸须流出去。当褶沟处装满海水和食物后，须鲸科就像蝌蚪，头部会异常巨大。褶沟能够储存大量的海水和食物，是一种能为捕食提供便利的身体结构，而正是这种须鲸科的鲸类在进化过程中获得的身体结构，让它们的体形变得如此巨大。

此外，同属于须鲸科的大翅鲸的捕食方法更加独特。它们和其他须鲸科一样会采取吞没滤食的方式，不过人们发现，与此同时它们还会与同伴合作，把鱼赶到一起进行捕食。

气泡网捕食法

在发现鱼群后，多头大翅鲸会从喷气孔（外鼻孔）喷出气泡，并在相互保持一定距离的前提下，一边沿着圆形路线游泳一边浮上海面。于是，鱼群周围逐渐出现了气泡形成的网（气泡网），这使鱼群被困在气泡网里无法逃脱。

接下来，大翅鲸们会抓住鱼群在水面聚集的时机一口气吞下食物。那副场景太过激烈，甚至会让人担心它们一不小心就会把同伴吞入口中。

这种只有大翅鲸采用的捕食方法叫作气泡网捕食法。与同伴合作完成同一件事的行为在野生动物中非常罕见，这说明大翅鲸具有相当强的社会性。

几乎没人见过的 4 种齿鲸

长有牙齿的齿鲸是一种妙不可言的鲸类。

在世界范围内，人们已知的齿鲸有 10 科 78 种，其中以鱿鱼等头足类为食的抹香鲸也是齿鲸的一种。齿鲸大多是中小型鲸鱼，只有抹香鲸例外。虽然齿鲸长有牙齿，但是它们并不会用牙齿来咀嚼食物，只是有时会用其来捕食。在大部分情况下，齿鲸会将食物直接吞下。在水族馆中颇受欢迎的瓶鼻海豚、太平洋斑纹海豚、虎鲸和伪虎鲸都属于齿鲸。

有一种齿鲸叫作中喙鲸，在全世界已知大约有 16 个物种。日本近海中生活着 4 种中喙鲸，分别是哈氏中喙鲸、银杏齿中喙鲸、史氏中喙鲸和柏氏中喙鲸，这 4 种恐怕都是大家第一次听到的鲸类。其实，它们身上都充满了谜团。

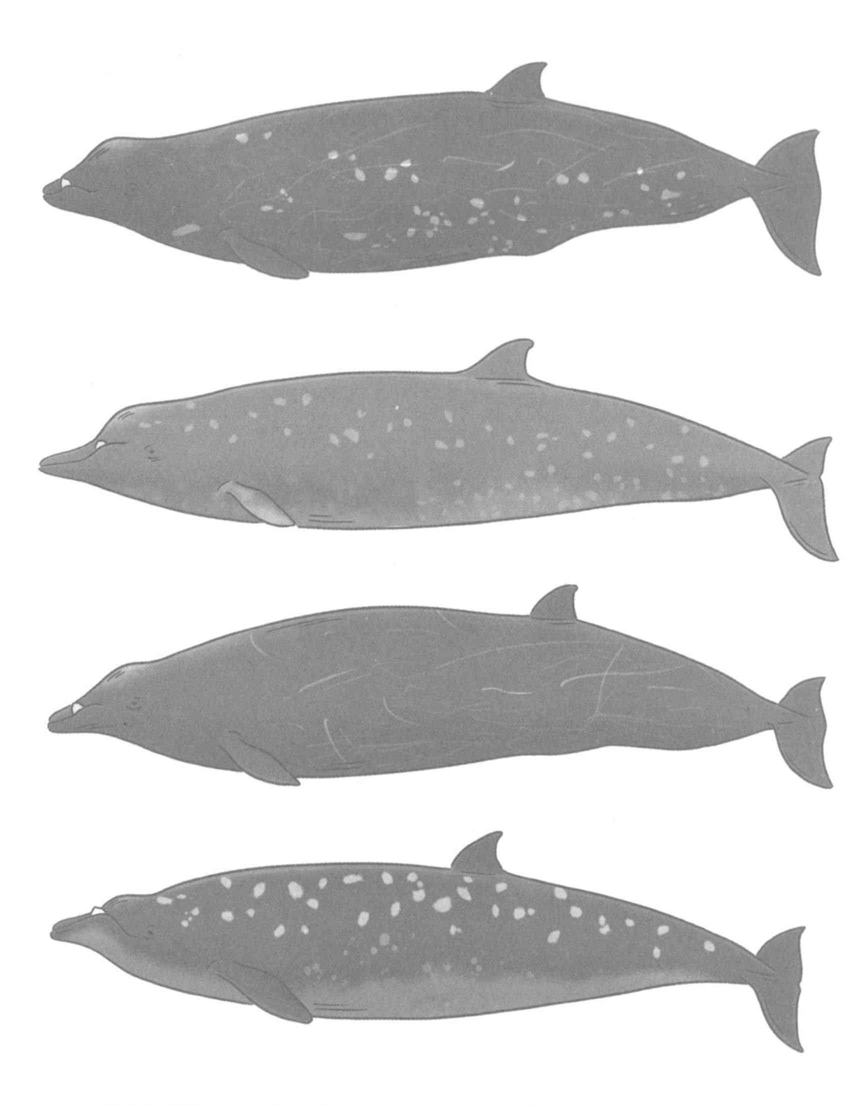

从上到下分别是哈氏中喙鲸、银杏齿中喙鲸、史氏中喙鲸和柏氏中喙鲸。体长约 5 米，长有扇形牙齿。

伪虎鲸与中喙鲸属的鲸外表极其相似，普通人很难区分。它的特点是体长约 4 米，头部圆润

人类的水族馆里几乎没有饲养它们的记录，甚至几乎没有人在海中见过它们的身影。也就是说，研究活着的中喙鲸在世界范围内都非常困难。在冬季，日本海的海岸上会频繁出现史氏中喙鲸搁浅的现象，而哈氏中喙鲸、银杏齿中喙鲸和柏氏中喙鲸则全年都可能在太平洋的海岸上搁浅。每当它们搁浅时，我们都绝对不会放过调查的机会。

2001 年 3 月，日本海的各个海岸在一周之内共计出现了 12 头搁浅的史氏中喙鲸，这让我们一时手忙脚乱。

在佐渡岛调查完一具鲸尸后，刚赶到新潟县的两津港，又接到了秋田县的鲸类搁浅通知……忙完前两处紧接着前往能登半岛的海岸进行调查，期间该半岛的另一头又新发现了搁浅鲸类。那一周，我几乎是在来回奔波中度过的。

当时搁浅的 12 头鲸，我只检查了其中 7 头。

因为冬季的日本海海岸上非常寒冷。而且，那里不仅气温低，还会下大雪，北风总是毫不留情地呼啸而过。在那种情况下，我的脑海中总会响起鸟羽一郎的那首《兄弟船》。在工作时，为了忍受严寒，必须不断地活动身体。一旦我停止活动，手就会被冻僵，身体也会开始颤抖。在下雪的日子里，我几乎支撑不住，难以继续工作。

除了身体上的折磨外，相机的快门也按不下去，存放样本的保存液更是会被冻住。没错，天气就是这么寒冷。

那时的我尚未习惯户外工作，总是第一个被冻得跳脚，前辈们总会拿我的名字（木绵子）开玩笑，说："这些雪花就像棉花一样，你应该更抗冻呀！"可是，在严寒中用一周时间检查 12 具鲸尸，就连前辈们也很难做到。

在检查到第 4 具鲸尸时，我开始浑身发抖，在回家的路上又开始发烧，之后的几天里我都躺在床上养病。

虽然户外环境极其恶劣，但是我们的收获很大。至今为止，关于史氏中喙鲸的主要研究成果如下。

通过分析遗传基因推测出血缘关系

检查含有遗传基因的身体部位可查明个体之间的血缘关系。在分析搁浅的史氏中喙鲸的遗传基因后，我们发现生活在日本海中的史氏中喙鲸主要分为两大母系集体（母亲的祖先由两组组成）。

获得体长和体重数据

“新生儿”的体长约为 200 厘米，成年雄性的体长约为 500 厘米，体重约为 1 吨。成年雌性的体形略大于成年雄性，体长可达 520 厘米，体重可达 1 ~ 1.5 吨。

发现幼体拥有特殊的体色

史氏中喙鲸幼体的体色与父母不同，呈淡黄色，额头、眼周至背部都是黑褐色的。这是为了生存而采取的“战术”之一。在海洋中，喙鲸的敌人——鲨鱼和虎鲸大多会潜伏在深海中，然后从下向上袭击猎物，因为从下向上看可以借助阳光下猎物的影子锁定其位置。因此，有的猎物为了不被敌人发现，进化出了发白的腹部，这样它们就算在阳光下也不会形成阴影。不过，并不是海洋中所有的生物都进化出了这项技能。我们通过观察各种鲸类，发现生活在外洋中的鲸类的腹部颜色几乎全都偏白。

通过牙齿确定年龄

屋久杉的树龄都在 1000 年以上，人们是通过数年轮推断出这个数字的。而包括史氏中喙鲸在内的齿鲸的年龄和树木的树龄一样，可以通过数牙齿上的生长层来确定。若想获取生物的性成熟时间、生产时间等基础信息，年龄是不可或缺的依据。

大家或许认为以上都是非常基础的信息。其实，包括海洋哺乳动物在内，许多野生动物就连这些基础信息都尚未被人类获取，史氏中喙鲸也不例外。

明明有牙齿却要整只吞下章鱼

前文已经为大家介绍过，齿鲸有牙齿。可实际上，不同种类的齿鲸的牙齿数量差距很大。即使同属齿鲸，也有像灰海豚、抹香鲸等牙齿数量稀少的，中喙鲸就是其中的代表。

喙鲸科只有成年雄性长有牙齿，而且牙齿只在下颌的左右两处长1～2对，雌性则一颗牙齿都不长。

实际上，齿鲸的牙齿都是“同形齿”，即所有牙齿都是同样的形状，基本不具备磨碎食物的咀嚼功能。虎鲸和瓶鼻海豚同样如此，不过它们的牙齿数量相对较多，因此它们可以使用牙齿控制、甩碎食物。

这些牙齿数量减少的鲸类有一个共同点，那就是以头足类软体动物（例如章鱼、鱿鱼和乌贼）为主食，因为它们在捕食鱿鱼时不需要使用牙齿。有趣的是，对我们人类而言，鱿鱼反而是费牙的代表性食物。

那么，不用牙的鲸类如何吃鱿鱼呢？答案是将其整只吞下，无论味道如何。因此，在进化过程中，以鱿鱼为主食的鲸类的牙齿的数量会逐渐减少。

对雄性喙鲸而言，牙齿还有另一项重要的功能——它是雄性的第二性征。也就是说，牙齿是雄性喙鲸用来吸引雌性喙鲸的。就像亚洲象的牙齿和犀牛的角一样，雄性喙鲸的牙齿既是在繁殖期争夺雌性喙鲸时用的战斗工具，也是向自己看中的雌性求爱的工具。雄性和雌性外形不同的情况被称为“两性异形”。

成年雄性喙鲸的体表经常能看到战斗留下的伤痕，即对手的牙齿划出的两条平行伤痕。

说到牙齿，我还想谈一谈虚构动物独角兽的原型——一角鲸。一角鲸也是齿鲸的一种，生活在北极圈的海洋中。它们的上嘴唇上如同细钻头一样的部位看起来像“角”，因此欧洲人根据一角鲸的外形创造出了独角兽，并让它在各种故事中登场。不过，“角”其实是进化后的牙齿。

而且，一角鲸同样只有成年雄性才会长有这种牙齿。雌性一角鲸和一角鲸宝宝的外表都看不到明显的牙齿。雄性一角鲸左边的门牙会螺旋式长大，接着贯穿上嘴唇的皮肤，一直长到 2 米左右。对一角鲸来说，牙齿同样不是咀嚼食物的器官，而是求爱的工具。只有牙齿又长又大的雄性一角鲸才能获得较高的社会地位，拥有向雌性一角鲸求爱的资格。

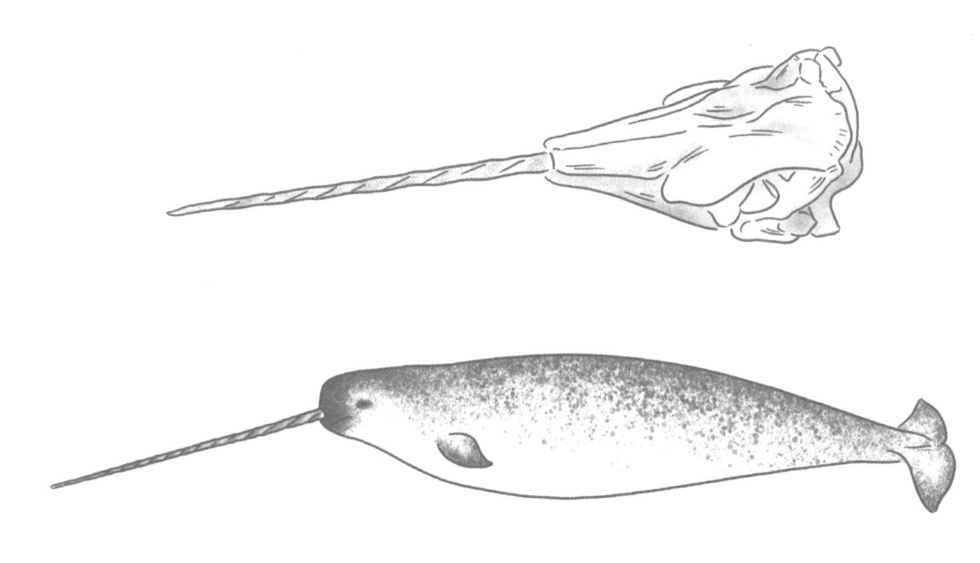

一角鲸像细钻头一样的“角”其实是牙齿

除了臭味也有香味

第 1 章中提到，我们在解剖鲸尸时，浑身都会沾满恶臭。为了不让大家对鲸类的气味产生误解，我要介绍一下鲸类身上的香味。

在公元前，世界各地就将“龙涎香”奉为珍宝，这是一种呈淡黄色或黄褐色的物体。龙涎香在海岸上被发现后，阿拉伯人会将它做成圣洁的熏香，埃及人会将它献给神明，犹太文化中同样有它的身影。

龙涎香的香味很受欢迎。由于其数量稀少，有些时代它甚至与黄金价值相当。

在阿拉伯的传说中，6 世纪前后，人们发现一种被冲上海岸的褐色物体散发出无法用语言形容的芳香，于是将它献给了当时的波斯帝国皇帝，这种物体就是龙涎香。当时，龙涎香被认为是和麝香并列的最高级

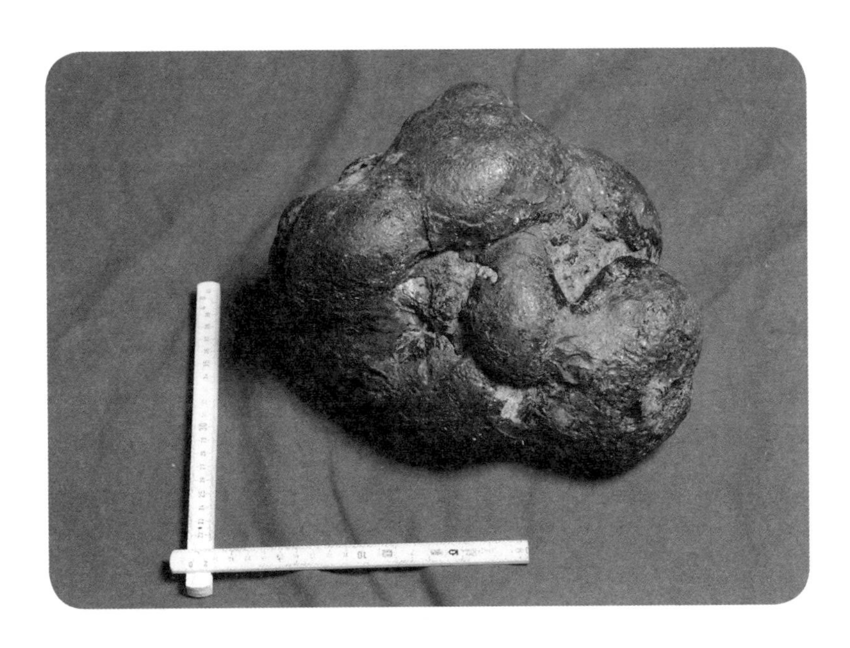

抹香鲸的肠子里形成的龙涎香

的天然香料之一。后来，龙涎香在山鲁佐德给波斯国王讲述的故事《一千零一夜》中也频繁登场。

在中世纪的欧洲贵族社会流行皮手套时，人们会用龙涎香给皮手套增加香味。在 20 世纪以后，龙涎香成为了制作香水不可或缺的香料。了解香水的女性或许会发现，香奈儿 5 号香水正是以龙涎香为主要香料精制而成的。

那么，龙涎香究竟是什么呢？正如我在开头提到的那样，它来自鲸鱼，是在抹香鲸的肠子里形成的结石。

直到 19 世纪，人们都没有发现龙涎香的真面目。后来在捕鲸盛行的时期，人们在抹香鲸的肠子里发现了龙涎香，这才了解了龙涎香的

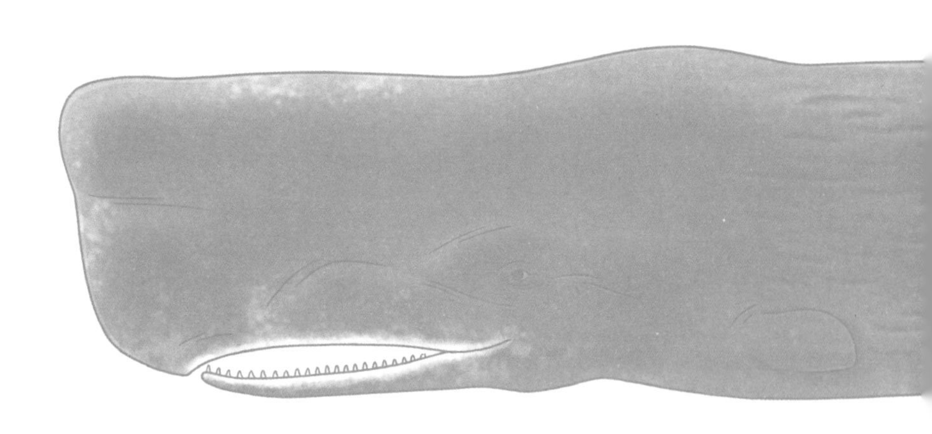

抹香鲸，体长可达 16 米左右，头部又大又方

出处。

为什么散发着美妙香气的龙涎香偏偏是在抹香鲸制造粪便的肠道里形成的呢?

龙涎香的主要成分是一种被称为“龙涎香醇”的有机物。龙涎香醇含量越高，龙涎香的价格越高。不过，这种物质本身并没有香味。当龙涎香醇与紫外线及章鱼体内的铜发生反应后，它的化学结构会被切断，这时龙涎香醇才会释放出具有芳香气味的成分——龙涎呋喃。

那么，龙涎香如何被制作成香水呢?方法是先将龙涎香浸泡在5%的酒精溶液中，放置在低温中，经过几个月的低温发酵，这样就能形成更多的龙涎呋喃。这种香味有一种独特的甜美气息，是木质香。除此

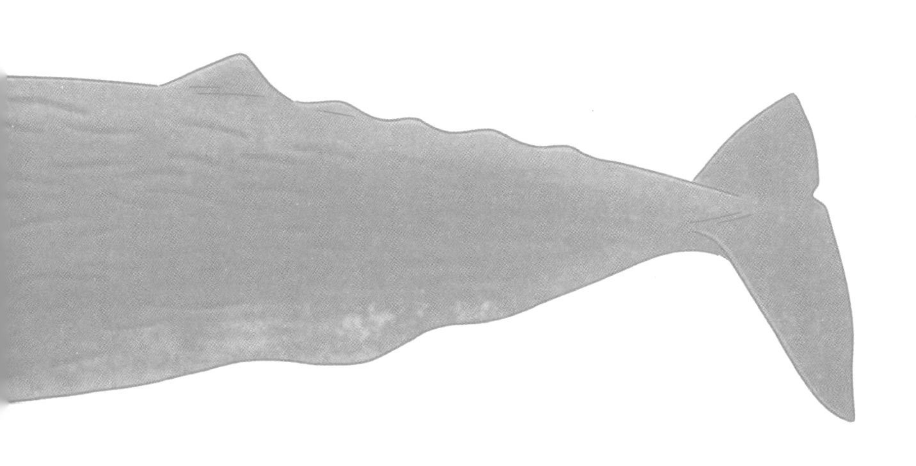

之外，龙涎香还可以和海洋香混合使用。

无论如何，龙涎香如今依然是非常稀有的物品，因为人们目前为止只在抹香鲸的肠道里发现过龙涎香，而且抹香鲸的肠道里产生龙涎香的概率仅为百分之一，甚至可能 200 头抹香鲸中才有 1 头的肠道里有龙涎香。

现在，全世界都禁止捕捉抹香鲸，因此人们只能和公元前时期一样，从搁浅的抹香鲸体内寻找龙涎香。

不过，新潟大学的佐藤努老师等研究人员已经在最新研究中详细分析出了龙涎香的主要成分——龙涎香醇的合成过程。如果龙涎香醇的合成技术能普及到全世界，那么我们说不定也能过上玛丽莲·梦露“只穿香奈儿 5 号睡觉”的生活。

目前，科博收藏着几块龙涎香标本，因此人们能够真实地看到、摸到甚至闻到龙涎香。龙涎香的气味有些像旧衣柜里散发的味道，我认为它比较像麝香或带有古典气息的香味。

科博的龙涎香会在展览上展出，如果有机会，请大家一定要亲自来闻一闻它的气味。

其实，抹香鲸还有一个特点——它形状独特的头部里有一种名叫“鲸脑油”的油脂成分。过去，人们都想得到抹香鲸的脑油，因此抹香鲸成了人们争相猎捕的对象。

抹香鲸的鲸脑油用途广泛，可食用，可药用，还可作为燃料。那么，为什么只有抹香鲸体内既有龙涎香又有鲸脑油呢？这个问题尚未得到答案。

总之，作为一种经常出现在动画作品中、知名度很高的鲸，抹香鲸至今仍全身是谜。

鲸类中的“左撇子”和“右撇子”

人类有右利手和左利手之分，而海豚和鲸的鳍与人类的手一样具有多种用途，如用来与同伴交流和在游动时控制方向。这样看来，它们有右利鳍和左利鳍之分也是理所当然的。

海豚生态研究人员在观察后发现，海豚既有只使用左鳍接触同伴身体的个体，也有只使用右鳍控制游动方向的个体。若想从科学的角度分析这种现象，研究人员需要通过解剖海豚的前鳍来研究前鳍的肌肉分布情况和神经发育情况。现阶段，研究人员只是用肉眼观察海豚的前鳍，暂时无法得出准确的结论。

灰鲸在捕食时一定会右侧朝下。此外，鲸类的子宫不同于人类，分成左右两侧，叫作子宫角，可以说几乎所有雌鲸都是在左侧的子宫角里孕育胎儿。明明左右两侧的卵巢在交替排卵，孕育却一定发生在左侧的子宫角里。由此看来，鲸类身体的左右差异真是一个有趣的课题。

曾经，有一头鲸被称为“52 赫兹的鲸鱼”。1989 年，美国伍兹霍尔海洋研究所发现这头鲸会用 52 赫兹这种特殊的频率鸣叫。

根据其声音的特点和声纹，研究者推测它是一头须鲸。可是，在普通的须鲸中，蓝鲸的声音频率是 10 ~ 38 赫兹，长须鲸的声音频率是 20 赫兹左右。这头鲸被记录下来的声音频率如此之高，与人们此前发现的鲸的声音频率都不相符。

有人认为可能是记录有误，或者那可能并非是鲸发出的声音。可是，在此之后的几年里，这头鲸依然在发出频率为 52 赫兹的声音，可见它确实存在，并且在不断成长。无论怎么调查，研究人员都没发现其他种类的鲸也能发出频率为 52 赫兹的声音。因此，这头鲸被称为“世界上最孤独的鲸鱼”。

因为它只能发出频率为 52 赫兹的声音，所以它很难与其他鲸互相交流，或许它真的非常孤独。尽管如此，人类依然记录下了它的成长，它每个季节的移动距离最长超过 31 万千米。

根据伍兹霍尔海洋研究所的研究结果来看，这头鲸很可能是杂交动物（蓝鲸与其他鲸类物种的“混血”后代）。此外，有人指出它可能先天畸形。现在，这头鲸下落不明，不过根据它被发现的年份推测，它可能依然生活在海洋中的某个角落。

在创作这本书时，我听说以这头鲸为书名的小说《52赫兹的鲸鱼们》（作者为町田园子，由中央公论新社出版）获得了书店大奖。将鲸作为书名的小说很少见，因此仅仅是这一点就让我对它产生了兴趣。如果有机会，我一定要拜读一下。

14 头抹香鲸被冲上海岸的那天

抹香鲸最长可达19米，是齿鲸中体形最大的物种，生活在世界各地的海中。它们以深海中的鱿鱼为主食，能下潜到2000米深的海底。在捕食时，它们独特的头部会发出强大的声波，甚至能将大王乌贼一网打尽。

因为抹香鲸一旦潜入海底，就会长达一个多小时不浮出水面，所以不适合作为观鲸的对象。不过，它的体形与潜水艇相似，体内说不定还有龙涎香，这些“价值”让它大受欢迎。

从北海道到鹿儿岛县，日本全国平均每年会发生3～8起抹香鲸搁浅的事件，这些事件都给我留下了各种各样的回忆。

其中，我最难以忘怀的是 2002 年 1 月 22 日。那天早晨，有 14 头抹香鲸被冲上了鹿儿岛县一座小镇的海岸。在当时，10 头以上的抹香鲸同时搁浅在同一地方是非常少见的情况，我在此前从未经历过。而且，我听说那些抹香鲸几乎都还活着。

在接到消息后，鹿儿岛县水族馆的员工立刻赶往现场。当天下午 2 点，研究人员确认其中 11 头抹香鲸仍然存活。包括科博的员工在内，各地的水族馆、大学和博物馆的相关人员都紧急赶往现场。

在此次搁浅事件发生的第二天，当时还是东京大学研究生的我也与科博的员工一同到达了现场。在水中时，大型鲸庞大的身体可以利用浮力轻松游动，可是一旦到了陆地上，它们在重力的影响下就无法支撑自己的身体，从而导致肺等脏器受到挤压。如果不采取措施，它们很快就会死亡。

仅仅过了一天，11 头中只剩下 1 头抹香鲸还活着，我们一直在努力将它送回海中。幸运的是，经过 4 个小时的奋斗，最后一头幸存的抹香鲸终于回到了大海中。

当地水族馆的员工说，这 14 头抹香鲸的体长从 11 米到 12 米不等，全是雄性。只有年轻的雄性抹香鲸喜欢成群结队，在性成熟后，它们为了寻找交配的对象，就会离开群体独立生活。也就是说，这次搁浅的 14 头抹香鲸是尚未独立生活的“少年们”。

在发生搁浅时，当地政府可以将搁浅的尸体埋在合适的地点，也可以进行焚烧处理。可是，此次搁浅的抹香鲸体形巨大，而且数量超过 10 头，因此当地政府向海上保安厅申请将它们抛回大海。

因此，到达当地的专家们一边急急忙忙地检查这些抹香鲸的尸体状态，一边开会讨论如何阻止它们被抛回大海。

与此同时，各地博物馆也不断联系当地政府，希望能将此次搁浅的抹香鲸做成骨骼标本保存起来。最终，当地政府同意了各地博物馆的请求，决定暂时停止将这些抹香鲸抛回大海的计划。如果对它们进行解剖调查并将其制作成骨骼标本，就需要花费相应的时间和金钱。对当地政府来说，在有限的时间内斟酌各种因素并做出决定实在是很不容易。

随后，政府的工作人员开始与当地渔协和居民协调，挑选这些抹香鲸的填埋地点。在这段时间里，我们只能对这些抹香鲸进行最基础的测量和拍摄，因为真正的检查必须等到全面“开绿灯”后才能开始。此时，我们只能任由时间一分一秒地流逝，眼看着抹香鲸们的尸体逐渐腐烂。

第三天，当地政府总算选定了填埋地点，我们终于可以开始进行解剖调查。为了把这些抹香鲸转移到填埋地点，我们要利用涨潮将它们用船只拖入海中，与趸船（海上作业用的箱形船）连接。可是，其中有 2 头抹香鲸没能在第一次涨潮时被运走，只能等待下一次涨潮。然而祸不单行，就在这时，好不容易固定在船上的一头抹香鲸脱落至海中，并再次漂到了附近的河口……真的是手忙脚乱。

在驻留期间，我们这支调查小组借住在附近的村舍中，大家像参加修学旅行一样每天做饭、洗衣服、制作贴在抹香鲸尸体上的号码牌和样本瓶等。为了避免固定好的抹香鲸尸体被冲走，我们还特意安排专人守卫，以确保日后的检查能顺利进行。

第四天，我们找回了前一天漂走的那头抹香鲸，固定了 13 头抹香鲸的趸船总算可以趁早晨涨潮时开往进行解剖调查的海岸。可是，尽管早晨天气晴朗，中午却突然狂风大作，因此趸船只得暂时开到附近的渔港等待。

吊车吊起被冲到鹿儿岛县海岸上的抹香鲸尸体

此外，能承装鲸、吊车专用的大型网篮还没到，我们只能将检查再次推至第五天。抹香鲸的胸鳍逐渐竖起，这标志着它们的腐烂程度越来越严重。

当天深夜，我本已为了养精蓄锐而早早睡下，这时却突然有人敲响了小屋的门。我吃了一惊，立刻起身打开房门，看见负责守夜的冲绳水族馆的员工浑身湿透地站在门口。他的脸上写满了紧张和急切，雨水从他的脸上不断流下。

“这么晚了，您来找我是因为出了什么事吗？”

“大型网篮已经到了，可是我们刚要开始搬运抹香鲸，运送抹香鲸的拖车就爆胎了，车体也出现破损。现在，工作人员进退两难，已经运到陆地上的 2 头抹香鲸也不得不停在半路上等待！”

真是糟糕的情况。到此时为止，各地的博物馆和大学都在为填埋这些抹香鲸筹措资金，我们也连续工作多日，充分做好了调查的准备。可是，如果无法搬运这些抹香鲸，一切都将化为泡影。

就在这时，抹香鲸发出的臭味引发了附近居民的不满，居民开始投诉，这简直是火上浇油。寻找新的拖车需要时间，而且就算找来了新的拖车，也无法保证新的拖车不会损坏。

既然如此，除了那头已经被搬上爆胎的拖车的抹香鲸外，其余的抹香鲸都只能被扔回大海。也就是说，我们只剩下一头抹香鲸可以进行调查。大家彻夜讨论对策，却依然束手无策。于是天亮后，那头抹香鲸被转移到了新的拖车上，随后被运往填埋地点。

第七天，尽管只剩下一头抹香鲸，解剖和调查工作总算开始进行了。这头抹香鲸骨骼被埋在附近的海岸。从发生搁浅到此时已经过去了一周，尸体严重的腐烂导致其内部出现液化，因此我们再也无法确定它的死因。

其余 12 头抹香鲸将被陆续抛回大海，我们见缝插针地拼命收集了几份标本。

2 月 1 日晚，随着最后一头抹香鲸被抛回大海，我们此次的工作就这么结束了。这次经历让我深切地感受到，调查现场总是会发生各种意料之外的事情。

错失了一头珍贵的鲸

搁浅事件总是会在最忙的时候发生，那天也是如此。上午 10 点左右，茨城县水族馆打来电话，说当地渔港附近漂来了一头体长 7 米的鲸。

通过观察水族馆员工发来的鲸的照片，我发现这头鲸的样子并不常见，不过这也可能是因为它浮在浅海的水面上，看不见它全身的样子吧。

可是在一般情况下，只要看到鲸类的头部、鳍等身体部位，我就能根据某些特征确定鲸类的物种。

“看起来，这头鲸不是常见的物种。”

由于这份直觉的驱动，我想马上赶往当地。从科博开车到现场只需要不到一个小时，可是当天偏偏还有一场自己负责的研究项目的会议。

“为什么是今天！”我刚在心中咆哮了一句，却突然想到了一件事。

如果当地政府现在安排吊车或拖车把这头鲸拉到填埋地点，那么也许明天才能进行调查，而明天我就有时间前往现场了！

“田岛女士总是这么乐观。”虽然周围的人都对我的想法表示惊讶，但是按照经验来看，我确信这次的调查一定会拖到第二天才开始。果然，水族馆传来消息——这具鲸尸将会在第二天早晨被转移到填埋地点。

我心中大喜，立刻开始和团队一起为此次调查做准备。在会议开始前，准备工作就基本上已经完成，我们只需等待第二天到来。此时，我的心已经飞到了当地。

然而就在这时，水族馆再次打来电话，表示当天就能做好填埋这头鲸的准备，当地政府希望我们能立刻开始调查。

当时，我真的想过取消会议，因为这说不定是一头新物种。会议可以改天再开，而这头鲸只有当天可以调查。既然如此，或许取消会议也没关系。我的心开始动摇。

最终，打消我这个想法的是同事冷静的声音：“很遗憾，今天有推不掉的工作要做，我们去不了。”

是啊，这场会议也是我推不掉的工作。会议如果被取消，就会给很多人带来麻烦。因此，虽然搁浅现场不断吸引着我，我还是一边深呼吸一边安慰自己，最终决定放弃。

不过，当地水族馆的员工会立刻赶往现场拍摄相关照片并收集样本，我连忙拜托他们。

在会议结束后，我收到了鲸的照片。根据照片，我判断这头鲸或许真的是非常罕见的物种。为什么这头鲸要在我无法动身前去调查的时候出现呢？我虽然不甘心，却无计可施。

不过，因为当地水族馆的员工收集了这头鲸的样本，所以我得以实现最后的愿望，那就是尝试根据样本判定它的物种。根据检查结果来看，这头鲸说不定是继蓝鲸宝宝之后又一头日本国内首次发现的珍贵物种。如果是这样，我们就有机会挖出已经掩埋的鲸，再次进行深入调查。目前，我正怀着忐忑的心情等待这头鲸的物种的判定结果。

因此，就算接到搁浅报告，我有时也无法前往现场进行调查。虽然这是非常正常的事情，但如果这种时候出现了珍贵的物种，究竟怎么做才合适呢？

如果我拥有小超人帕门的复制机器人就好了——我每天都在认真幻想这些不现实的事情。

“沉睡”在海岸的鲸

在前文中，我为大家讲述了将14头搁浅的抹香鲸中1头的骨骼填埋在海岸的事。这并非只是将鲸安葬于此，而是制作骨骼标本的方法之一。

若想制作鲸类的骨骼标本，必须彻底剔除附着在骨头上的动物蛋白和油脂。而若想制作出优质的骨骼标本，高温水煮是最好的方法（详见第1章）。虽然存在例外情况，但是总体来说，在制作除海洋哺乳动物外的陆地哺乳动物、鸟类、两栖爬行类等脊椎动物的骨骼标本时，高温水煮无论是从制成标本的质量上还是从成本效率上来说，都是最好的方法。

不过很遗憾，日本国内目前还没有能高温水煮超过10米的鲸骨的机器，就连科博定制的晒骨机最大也只能装下5米长的鲸骨。

那么，体长超过10米的大型鲸就无法被制作成骨骼标本了吗？事实并非如此。在大型鲸搁浅后，我们可以和当地政府协商，在搁浅海岸或周围的海岸将其填埋“两个夏天”，待时机成熟后再根据需要重新挖掘。

不过，这并不是直接将搁浅的鲸尸埋在沙子里那么简单。

在一轮调查结束后，我们就要进行对鲸骨的填埋工作。首先，用刀子尽可能地剔除附着在鲸骨上的肌肉。其次，在选定的地方挖出一个与鲸平行的平底坑，把鲸埋进去。平底坑的大小要根据鲸的大小来定，例如体长为 10 米的鲸就需要一个长 10 米、宽 5 米的平底坑，因为理想的填埋效果是能在鲸骨上盖 1.5 ~ 2 米厚的沙土。不过，凭借人力实在无法挖出这么大的平底坑，因此我们会寻求当地建筑工人或港湾上的营利组织的帮助。

随后，要在挖好的平底坑里铺上珠罗纱等网状材质的垫子，将鲸骨分散排列在上面，避免重叠。

在摆好鲸骨后，需要拍摄平底坑的全景照片，并画出鲸骨位置的示意图，让每根鲸骨填埋的位置一目了然。最后，在鲸骨上盖 1.5 ~ 2 米厚的沙土，在填埋地点的四角钉上钉子，铺上蓝色塑料布即可。

在这种情况下，最重要的是准确掌握填埋地点的相关信息。哪怕鲸骨的实际位置与记录下来的位置只偏离了一米，我们也可能无论如何都挖不到它了。除了拍摄照片和手绘示意图外，我们还可以通过 GPS 或记录填埋地与周围标志性建筑的距离以确保万无一失。

不过，我们可不能小看大自然的力量。哪怕只是两年时间，在强风和潮汐的影响下，海岸地形的变化也会超出我们的想象，鲸骨甚至会出现好几米的位移，让人不禁怀疑海岸也拥有生命。

几年后，我们终于迎来了挖掘的日子。当沙子中出现雪白的鲸骨时，我甚至想要抱住它们，并对它们说：“太好了，你们平安无事。”

之所以要将鲸骨埋起来，是因为沙土中的微生物能够将鲸骨中残留的脂肪等软组织分解干净。填埋时间标准的“两个夏天”或许只有四季分明的日本会使用。当看到埋在沙土里的鲸骨重见天日并变得比以前更加干净时，我就会再一次折服于大自然的力量。

在沙滩上填埋鲸骨的场景

顺便一提，除了高温水煮、填埋外，制作骨骼标本的方法还有让节肢动物（皮蠹）吃掉软组织，以及利用马粪，让马肠道里的菌群分解软组织等。

通过填埋大型鲸的骨头来制作骨骼标本是一件规模巨大的工作，无论是挖掘还是填埋都需要人手和资金。我们无法将填埋的所有鲸骨都挖出来，虽然很希望能带走尽可能多的鲸骨，但很多时候不得不选择放弃。有时，我们也会带回头骨或其他骨骼的一部分并将其制作成标本。

此外，被填埋的鲸骨会出现即便已经过去了“两个夏天”却依然无法回收的情况。在这种情况下，让它们成为食物链的一环，也就是成为微生物的食物也没什么不好。不过，作为鲸类研究者，我会感到非常可惜，因为那些埋在沙土里的鲸骨中说不定隐藏着迄今为止尚未被人类发现的秘密。

现在，各地的海岸中依然有很多等待被挖掘的鲸骨。

说不定当大家和亲朋好友一起赶海、一起打沙滩排球时，脚下的沙子里就埋着鲸骨。如果大家在海岸上发现了像骨头一样的东西，请一定要联系我们。

说不定大家玩耍的沙滩中就埋着鲸骨

一具鲸的骨骼标本价值 1000 万日元

因为每一头海洋哺乳动物都很大，所以即便得到了珍贵的搁浅鲸类骨骼标本，确定收藏方法和收藏地点也令人头疼。

例如要举办特展时，心脏、肾脏等脏器标本，寄生虫标本和假剥制标本可以由科博的员工准备及制作，可是特展的精髓是必须展出有一定创造性的标本。因此，每次举办时需要的新标本都要向专业的标本制作人下订单，这自然会产生费用。

与其他生物标本相比，海洋哺乳动物标本的尺寸要大出数倍，因此预算金额极其惊人。

举例来说，由一块块骨头组合而成的“整体骨骼”的制作费用极高，市场价大约为每米 100 万日元。

以前，科博将一头体长为 12 米的大村鲸（须鲸的一种）制作成整体骨骼时，所花的费用竟然超过了 1000 万日元！

美国国立自然历史博物馆将客机的机库作为标本收藏库，那里收藏了全世界最大的动物——蓝鲸的头骨。

日本曾经被称为“捕鲸大国”，捕获过不少蓝鲸。可是目前为止，连一具来自日本周围海域的蓝鲸（成体）全身骨骼标本都没有。

我们在需要蓝鲸骨骼标本时只能从国外购买。按照每米 100 万日元计算，体长 26 米的蓝鲸骨骼标本需要花费将近 3000 万日元。此外，将其从国外寄至日本的运费也价格不菲。综上所述，我们目前还无法轻松地说出“举办蓝鲸特展”这样的话。

仅是展出一头鲸的骨骼标本，需要的预算就不是其他生物标本能相提并论的。因此，博物馆人不仅要面对各种鲸类标本，还要与财务科的工作人员进行交涉。任重而道远啊！

第3章

追寻搁浅之谜

什么是搁浅

对从事与海洋哺乳动物相关工作的人来说，“搁浅”是与“吃饭”一样普通的日常用语。

因此，我们在与人聊天时，偶尔会理所当然地说出“昨天某某海岸发生了搁浅事件，我立刻开车赶了过去”之类的话。

对方会带着一头雾水的表情反问：“搁浅是什么？”

对此，我每次都会切身地感受到“啊，大家还不了解‘搁浅’这个词语吧”，看来我们的科普工作还没做到位。

尽管科博会定期举办展览，网站主页上也在不断公布最新信息，可是如果不被推送到眼前，大家甚至不会注意到我们在做什么。

现在，我想为大家详细介绍“搁浅”。

搁浅的英语是“stranding”，是“strand”的动名词形式。

“strand”作为名词的意思是“海洋、湖或河等与陆地的边界”，也就是“岸边”，作为动词则表示“从水中向陆地移动”。

例如，航行中的船只在浅海触礁的情况都可以称为“搁浅”。也就是说，船只进入浅水处无法自由行动的状态就称为“搁浅”。

同理，海洋哺乳动物由于某种原因被冲上海岸，无法依靠自己的力量回到大海中的状态也称为“搁浅”。

动物幸存的搁浅称为“活体搁浅”，动物死亡的搁浅称为“尸体搁浅”。

此外，有不少 2 头以上的动物同时搁浅的情况。除了母子一同搁浅的情况外，多头动物同时搁浅的情况叫作“大规模搁浅”（或“集体搁浅”）。例如，第 2 章中年轻的雄性抹香鲸集体被冲上海岸的情况就是大规模搁浅。

海洋生物搁浅可能发生在海岸线上的各个地方。日本四面环海，世界上大约有一半的鲸类都生活在日本近海或在日本近海洄游，因此日本全年一般会收到将近 300 起搁浅报告。与日本同为岛国的英国每年一般会收到将近 500 起搁浅报告。而且，人们不知道的情况下葬身海底的鲸类的数量一定更多。

按照这个数字计算，日本的海岸上几乎每天都会发生搁浅事件。

搁浅都发生在哪儿

日本任何一处海岸上都有可能发生搁浅事件。

但也有些海岸从未发出过搁浅报告，大多因为那里无人居住或人迹罕至。

当鲸类尸体被发现时，其死亡地点并不一定是被发现的海岸，它们也可能是在其他海岸死亡后，随着海流移动到搁浅地点的。

不过无论如何，鲸类很少在距离栖息地很远的地方搁浅。进行季节性洄游的鲸类可能在来日本近海洄游时发生搁浅，来自南方的鲸类可能在西南群岛到九州、四国附近发生搁浅，来自北方的鲸类可能在北海道到东北地区发生搁浅。

举例来说，北半球的大翅鲸在夏季栖息于食物丰富的高纬度海域，即美国阿拉斯加州海域周围，在秋季到初春则洄游到日本冲绳县和小笠原群岛周围海域进行繁殖。从人类的视角来看，秋季到初春是最适合观鲸的时期。在生完孩子后，大翅鲸会再次回到阿拉斯加附近海域，因此这段时期会在日本沿岸发现年轻鲸类搁浅的情况。

条纹原海豚和瓜头鲸（海豚科动物）在初春时搁浅于日本沿岸的可能性会增大，原因是这段时间它们会追逐着食物随日本暖流北上。

日本全年都会收到生活在日本近海中的海豚（江豚、印太宽吻海豚）的搁浅报告。在春秋繁殖期，其幼体和新生儿的搁浅报告会增加。

在远离栖息地或洄游区域被发现的搁浅动物大多搁浅原因特定，例如生病、被外敌追赶导致触礁，以及被寄生虫寄生导致无法正确判断方向等。

当夏季出现台风或冬季出现暴风雨时，强风会从海洋刮向陆地，生活在远洋（外海）的鲸类等也可能搁浅在日本沿岸。在渔业发达的地区，还会出现海洋动物被渔网缠住或钩住而导致搁浅的情况。

此外，偶尔会出现海洋动物误从海洋游入河流并逆流而上的情况。从盐含量较高的海水进入淡水后，海洋哺乳动物基本没有生路。2002 年，海豹“小玉”出现在流经东京都和神奈川县边境的多摩川中，这引起了人们一股讨论热潮——为什么小玉在淡水里依然能健康地生活？这个原因我将会在第 5 章讲解海豹的一节中为大家解释。

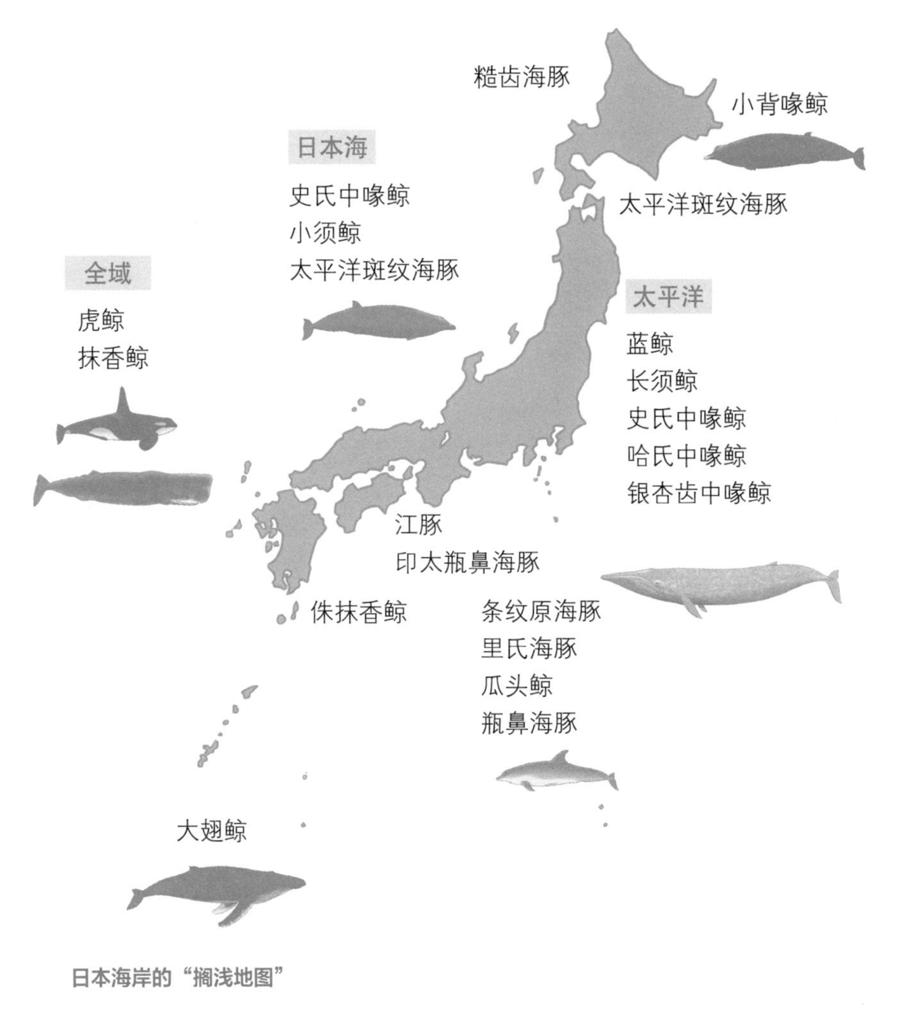
糙齿海豚
小背喙鲸
日本海
史氏中喙鲸
小须鲸
太平洋斑纹海豚
太平洋斑纹海豚
全域
虎鲸
抹香鲸
太平洋
蓝鲸
长须鲸
史氏中喙鲸
哈氏中喙鲸
银杏齿中喙鲸
江豚
印太瓶鼻海豚
侏抹香鲸
条纹原海豚
里氏海豚
瓜头鲸
瓶鼻海豚
大翅鲸

日本海岸的“搁浅地图”

鲸类为什么会被冲上海岸

在科博的展览和公开课上，我经常讲到鲸类的搁浅。但我更喜欢在调查现场向围观群众科普搁浅的知识，因为大家一边看着真正的鲸类一边听相关介绍会更加专注。

不过，解剖调查的时间有限，我们必须干脆、利落地先完成工作，因此在操作的过程中可能没有精力回答大家提出的问题。在调查告一段落后，只要有机会，我就会尽可能地为大家答疑解惑。

“这头鲸鱼为什么会被冲上海岸？”

“它为什么会死亡？”

面对这些问题，我总是会回答：“我们也想知道答案，因此才浑身是血地在这里进行调查！”

当我告诉他们日本的海岸上几乎每天都会发生海洋哺乳动物搁浅的事件时，大家总是会发出惊叹。毕竟，即使他们都在新闻频道或其他平台上看过鲸类搁浅的视频，大多数人也都认为搁浅是一件稀罕的事情。

此外，大家通常还会根据现场搁浅的动物不同提出一些有趣的问题，例如“它的皮肤是什么触感？”“它有牙齿吗？”“它的眼睛在哪里？”等。

不过，大家最想知道的还是搁浅的原因，而这个问题我通常无法当场给出答案，因此那份着急的心情让我每次都印象深刻。

在不同的研究课题中，调查搁浅的海洋哺乳动物的目的也不同。然而，鲸类为什么会死亡且为什么会漂到海岸上这两个问题不仅是研究人员的研究目标，也是普通人最常提出的问题。实际上，我进入这个研究领域的动机正是“想找到动物搁浅的原因”，因为我和大家有同样的疑问。

世界各地发生的搁浅事件原因多种多样，在很多情况下，搁浅的原因是非常复杂的。而且，搁浅的动物也不仅限于海洋哺乳动物，海龟、巨口鲨、大王乌贼等动物也会搁浅。

每种生物都必然会死亡，这是大自然的规律。如果海洋哺乳动物是在死亡后碰巧被冲上海岸的，那么这件事就简单很多。

可实际上，我们在调查搁浅的海洋哺乳动物尸体后，总会发现事情并不是这么简单。全世界的研究人员都在挑战解开海洋哺乳动物的搁浅之谜。

目前为止，海洋哺乳动物搁浅的原因可以被总结为以下几种。

第一种原因是疾病。与人类一样，海洋哺乳动物也会因患上重病或得传染病而死亡。这种原因造成的搁浅广为人知。传染性强的病原体会一次性导致多头海洋哺乳动物死亡，从而造成海洋哺乳动物大规模搁浅。若能通过调查研究因患病而死亡的海洋哺乳动物以查明其得病的原因，就能为在水族馆饲养的海洋哺乳动物提供治疗线索。

第二种原因是对食物穷追不舍。有的海洋哺乳动物会对鱼类、头足类等食物穷追不舍，最终导致自己在浅海搁浅。

在水中时，海洋哺乳动物在浮力的作用下可以轻松地支撑几十千克甚至几吨的身体，可是一旦登上陆地，重力就会使它们无法凭借自己的力量移动身体，从而导致搁浅。

第三种原因是误判了海流的移动时间。在不同季节，各种各样的海洋生物都会随着海流移动，而它们一旦误判了海流的移动时间，就有可能搁浅。

举例来说，瓶鼻海豚原本生活在南方，不擅长在寒冷的海域中生活。尽管如此，它们仍需前往新的栖息地觅食并寻找交配对象。它们会在初春到初夏之间随着日本暖流游向北方，其中一部分会在初春时先行北上。此时，茨城县和千叶县海岸通常会发生大量搁浅事件。最初，我们在调查后并没有发现这些瓶鼻海豚患有疾病，因此在很长一段时间里都找不到它们搁浅的原因。直到我们关注到其搁浅时的海流和天气时，真相才终于浮出水面。

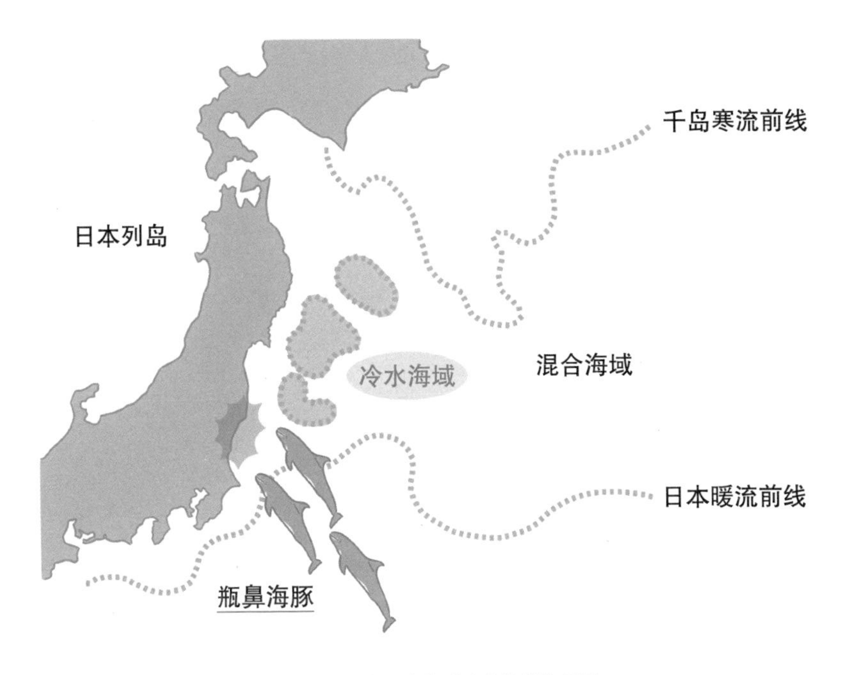

瓶鼻海豚被日本暖流和千岛寒流相撞形成的“冷水海域”困住

千叶县铫子市的北部海域有一个由日本暖流和千岛寒流相撞形成的“亚寒带海洋峰海域”，日本暖流和千岛寒流相撞使沿岸形成了“冷水海域”，这个海域的海岸与瓶鼻海豚搁浅的海岸几乎重合。于是，一种观点认为在初春北上的南方海洋哺乳动物会因不小心被冷水海域困住而发生大规模搁浅。由于在此之后又发生了同样的搁浅事件，这种观点被多次验证。

不过，也发生过与气候、海流无关的搁浅案例。在 2011 年 3 月 11

日日本地震发生前约一周时，有将近50头瓶鼻海豚在茨城县大规模搁浅。

同年，新西兰发生里氏7级的大地震前不久，有超过100头领航鲸在受灾地附近的海岸大规模搁浅。

后来，研究人员发现从“3·11”日本地震发生前的几周开始，根室海峡的海底电缆上装置的录音设备多次录到了像地鸣一样的声音。

对搁浅的瓶鼻海豚和领航鲸进行病理解剖后，并未发现它们患有传染病等疾病。也就是说，这两次大规模搁浅也许是由于空前的大地震引起的。

可是，如果因为日本是地震大国，就判定这是导致每年都会发生300余起搁浅事件的原因，就太草率了。实际上，虽然地震发生的时间与搁浅发生的时间有相互重合的部分，但是迄今尚未有准确的数据能证明二者之间存在因果关系。此外，磁场说、寄生虫说等诸多假说都只适用于部分搁浅事件，无法解释所有搁浅事件的原因。

研究人员正在逐步寻找搁浅的根本原因，不过正因为尚未找到，我们才更要继续努力调查。

使用优质的工具进行调查

在我还是学生那会儿，滑雪很流行，有一位滑得很好的学长曾经告诉我：“一套优质的装备是让技术进步的秘诀。”自从工作之后，这句话经常在我脑海中响起。

我亲身感受到，在进行搁浅调查时，只有准备好合适的工具和服装，才能高效、准确地完成调查。

首先是测量器，其性能非常重要。因为调查会从测量搁浅的海洋哺乳动物的身体和鳍等部位的长度开始，我们将以这些测量值为依据判定其物种，推测其处于哪一个成长阶段及其繁殖期的时间等。因此，即便测量值只是出现微小的误差，也可能让最初的推测出错。

经过一次次试错后，我们最终选择了知名厂家生产的建筑现场使用的测量机器和工具，如折叠尺、卷尺（钢制）、红白杆等。虽然价格高，但性能大多很好。

在测量结束后，我们需要给搁浅的海洋哺乳动物拍照。这时，照相机的性能会对研究调查产生巨大的影响。

当我刚开始工作时，胶卷相机是主流的拍照机器，可它无法拍完就立即确认画面。几天后，冲洗照片的店铺送回来的照片可能画面模糊或没拍到重要的鳍等部位，偶尔甚至还会出现“胶卷插反”这种让人哭笑不得的情况。

现在，我们有数码相机和智能手机，因此不会再出现以前那样的失误。在拍照后，我们马上就能将照片通过邮件或社交软件给全国各地的研究人员发送过去，这让搁浅调查的初期效率加快了不少。

最近，我们在调查时还会使用无人机或具备防水功能的小型数码相机，能轻松地拍下体长 18 米的须鲸的全身像。

新型的拍照机器陆续登场，虽然其便利性的提高让我们感到欣喜，但我们又出现了新的烦恼——高昂的费用。

一流厂家生产的最新型的拍照机器性能固然好，价格却不低，最高级的无人机和数码相机的价格高到让人目瞪口呆。然而，搁浅调查现场总是一片混乱，我们一不小心就可能损坏这些昂贵的机器，例如海水浸泡导致其失灵。因此，当会计部门建议我们“选择价格适中的拍照机器”时，我们只能点头称是。

每当遇到这种情况，我总会想起那位擅长滑雪的学长说过的话。

在测量博物馆的骨骼标本时，我们会使用一种名叫“人体骨骼测量仪”的测量工具。

这种原本用来测量人体骨骼的工具，每台的价格高达 100 万日元。不过，它虽然价格高昂，却十分好用。为了方便搬运，人体骨骼测量仪都被设计成了组合式结构，且组合方式非常合理，每一个零件都精确到了毫米，因此能测量出准确的数值。

我用人体骨骼测量仪测量过很多其他国家的博物馆中收藏的须鲸头骨。当时，我的前辈山田格老师正在推进新的鲸类物种的记录工作，因此我多次以助手的身份与他共同前往国外，并通过分析鲸类的骨骼标本的一系列数据发现了新的鲸类物种。

在瑞典，我们曾在一间原本是马厩的收藏库里测量骨骼标本。当时天气寒冷，没有暖气，就连呼出的气体都是白色的。我清楚地记得自己没带手套的双手很快就没有知觉了。

在荷兰，我们曾在一间外观精美、达到文化遗产级别的收藏库里进行测量。我至今都没有忘记在里面休息时吃到的焦糖华夫饼的味道。

在美国，我们曾在旧机库改造成的收藏库里测量。有飞机的衬托，鲸的头骨看起来都不再那么巨大了。

在泰国，人们认为鲸是来自大海的神圣生物，因此会在寺院或路边祭奠它们。为了得到更多测量数据，我们花了两周时间四处搜寻、调查，最终一共测量了 53 头须鲸的头骨。

人体骨骼测量仪，虽然价格高昂，但物超所值

在中国台湾，我们要测量的鲸类头骨被保存在一家动物医院二楼的一个类似仓库的房间。当地人说，这里的天气只有两种——“热”和“更热”。当时正处于“更热”的盛夏，我记得自己在测量时汗流浃背，身上的衣服几乎都能拧出水来。见识到各种各样的鲸类头骨“仓库”，对我来说也是一段珍贵而独特的回忆。

通过外观检查探寻搁浅原因

在搁浅调查中，观察搁浅海洋哺乳动物的外观是很重要的一步，目的是寻找搁浅的外因。我们会根据推测，逐项排查。

①“误捕”检查项目

人类喜欢食用的鱼类、贝类同样是鲸类和海豹等海洋哺乳动物最喜欢的食物，因此它们有时会在追逐食物时误入渔网，这就是“误捕”。在这种情况下，它们的颈部或尾鳍可能出现被渔网缠住时留下的网状勒痕，它们的嘴角或胸鳍也可能出现被带刺的渔网扎入后留下的撕裂伤。此外，渔网本身可能仍缠在它们的身体上，要检查它们的身上是否有渔网残留。

外观检查的 4 个检查项目

② “事故”检查项目

检查尸体是否有与船只相撞后留下的伤口或由船只的螺旋桨造成的伤痕。

③ “外敌”检查项目

海洋哺乳动物的外敌包括虎鲸和大型肉食性鲨鱼等，因此要检查尸体上是否有外敌留下的咬痕或大面积伤口。

④ “传染病”检查项目

人类在感冒时会流鼻涕，海洋哺乳动物感冒时也有症状。它们的喷气孔和肛门等天然孔会分泌屎黄色的黏液并散发臭味，因此要观察它们是否出现此类特征。此外，要检查它们的眼、口黏膜是否异常、是否有皮肤病等。

当然，海洋哺乳动物之间具有个体差异，我们在观察和记录时要格外集中精神，不放过任何一项异常。

人类及人类饲养的动物在身体不适时会被送去医院进行各种各样的检查和治疗，如果突然死亡，曾经的检查结果、临床症状等生前信息能为寻找死因提供巨大的帮助。

可是，我们几乎无法得知野生动物生前的信息，因此必须仔细检查它们的尸体，以寻找能锁定其死因的线索。

通过内脏检查探寻搁浅原因

在外观检查结束后，我们就要开始对搁浅动物进行解剖调查。解剖鲸类需要用到的工具与医院的手术室中经常用到的工具非常相似，有解剖刀、手术刀、镊子、钳子、尖头剪刀、肠道手术剪等，还有我从上大学时就喜欢使用的兽医工具。

除了医疗用品外，还有一种工具叫作“搭钩”。搭钩是木质手柄，一头装有一个金属弯钩，海鲜市场等地方经常用它来悬挂大鱼和装鱼的箱子。搭钩也叫“鹰嘴钩”，在解剖调查中起着重要作用。

在取出鲸的内脏前，必须先剥开它厚厚的皮肤和巨大的肌肉。这时，先用搭钩拉开鲸的皮肤，再插入刀子，就能顺利地将其皮肤与肌肉剥开。

在我初入职场时，前辈们告诉我一个秘诀——拉拽占 90%，下刀占 10%。也就是说，用搭钩将鲸的皮肤拉开的程度决定了我们是否能顺利剥离其皮肤。

这项工作比我想象的更耗费体力。如果鲸的皮肤过于松弛，刀插进去就切不开，因此我们必须拉紧搭钩保证皮肤紧绷。随着剥下的皮肤越来越多，即需要被拉开的皮肤越来越多，需要的力量也就越来越大。

一边用搭钩拉开鲸的皮肤，一边用刀子剥下其皮肤

面对体长小于 5 米的动物，我基本上可以独自完成剥皮工作，因为我算是比较有力气的人。不过，面对体长超过 10 米、皮肤格外结实的鲸，即便只是切开它们一块一米见方的皮肤我都会筋疲力尽。因为只靠手臂的力量无法拉开它们的皮肤，我们需要双手握住搭钩，用上全身的力气才能将其拉开。刚开始一个人拉就行，不过随着被剥下的皮肤越来

利用铲车和人海战术移动大型鲸

越多，需要被拉开的皮肤越来越重，就需要更多人参与进来。有时甚至需要 5 ~ 6 个人一起完成。

面对体长超过 15 米的大型鲸，即便是对自己的力量再有自信的男性也不可能独立完成剥皮工作。而且，搭钩能拉开的皮肤面积也有极限。为了解决这个问题，我们会在大型鲸尸体的皮肤上打洞，并穿过绳索，然后用铲车拉拽绳索以拉开其皮肤。

因此，铲车这样的重型机器同样是解剖调查中不可或缺的“幕后英

雄”。根据车斗（伸缩臂前方用来挖掘的部分）的尺寸，铲车可分为45铲车、10铲车等型号，型号决定了铲车的整体尺寸和能力。

举例来说，对体长超过16米的抹香鲸而言，至少需要两辆45铲车才能移动它巨大的头部。每当操作员灵活地用铲车帮助我们移动鲸时，我总是对他们的操作技术感到敬佩。虽然这份工作与他们的本职工作不同，他们大多是第一次搬运鲸这样的动物，但他们还是能随机应变，出色完成任务。我在他们的身上感受到了“匠人精神”。在调查结束后，我们总是会成为好朋友。

仅仅剥皮已经相当耗费体力。然而，这只是解剖调查的第一步。从现在开始，我们终于迎来了解剖调查的重头戏——正式的内脏病理学检查。

解剖现场的必需品

据说在捕鲸的全盛时期，即便是巨大的蓝鲸，人们也能将其在船上解体。蓝鲸幼体的身体尺寸已经令我大为震惊，我实在无法想象当时的人们用船尾自带的起重机将成年蓝鲸拉到船上解体的画面。人类的力量真是不可估量。就算没有先进的机器，也能够凭借经验和智慧克服各种各样的困难。

“鲸鱼菜刀”是在那个时期诞生的工具之一。现在，日本国内只有一家公司还在生产。长柄的“大菜刀”和短柄“小菜刀”都是解剖鲸类时不可或缺的工具。我认识的一位荷兰研究者在来到日本时，看到鲸鱼菜刀后感触颇深，回国后便从日本订购了一对。说不定，这种菜刀在世界范围内都非常罕见。

在使用鲸鱼菜刀时，大菜刀用来完成粗略的工作，如剥离皮肤、砍断头部等；小菜刀则用来完成精细的工作，如分解椎间板、剥离肌肉等。

与使用做饭用的普通菜刀一样，我们若想让鲸鱼菜刀保持锋利，就必须不断磨刀。优秀的磨刀师傅磨出的鲸鱼菜刀可以让人用最小的力气轻松地切开大型鲸鱼的厚皮，简直就像魔杖一样。

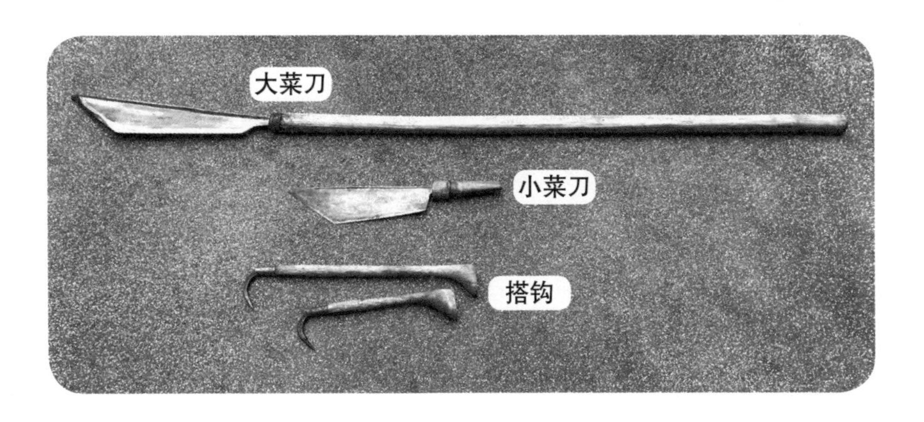

鲸鱼菜刀（大菜刀和小菜刀），搭钩

切内脏时，我们要使用比小菜刀再小一圈的解剖刀，并在拍照、称重后回收必要的部位。

检查内脏时首先要寻找海洋哺乳动物的死因。鲸类和人类一样属于哺乳动物，可能患上和人类一样的疾病，如乳腺癌、淋巴瘤、流感、脑炎、肺炎、膀胱炎等，甚至可能患上心脏病以及糖尿病等代谢病，出现动脉硬化。

近年来，研究人员在海豚的大脑中发现了“老年斑”，因此有人认为海豚可能也会患上阿尔茨海默病。此外，研究人员观察到海豚身上会出现寄生虫感染、由环境污染物导致的内分泌（如甲状腺、肾上腺）问题和生殖器官（如阴茎、子宫、卵巢、精巢）功能衰退问题。

我们还会通过搁浅鲸类的生殖腺推测其性成熟程度，因为性成熟程度属于鲸类生活史中的一环。

与人类一样，不同鲸类的身体成熟（即不再长长）和性成熟（即生殖器是否具备繁殖功能）的时间不一致属于正常情况。在大部分情况下，海洋哺乳动物的性成熟时间较早，身体成熟时间较晚。

为了发现海洋哺乳动物的“异常情况”，我们必须先了解它们的“正常情况”。海洋哺乳动物是从陆地重新回到大海中的“异类”，因此它们的内脏为适应海洋环境进化出了与众不同的功能。在此背景下，我们必须综合分析各种信息，从而确定什么是异常范围，什么是属于正常范围内的特殊进化结果。我们能做的只有不断地收集数据，并每天学习，毕竟欲速则不达。

在工作期间，鲸类体内的血液和油脂会溅到我们身上，就像我在第1章中提到的那样，我们就连去公共卫生间都非常麻烦。

因此，在进行解剖调查时，我们会穿上防油脂的长靴和方便清洗的廉价工作服。在有水的地方工作时，我们要穿胶皮连脚裤。在夏天，我们为了防晒还会戴上遮阳的草帽。

即使在盛夏我们也要“全副武装”

当我戴着草帽，浑身沾满血液、油脂和汗水时，可能正巧电视台要来采访。然而，碰巧在电视上看到我这副样子的家人和朋友不仅不会安慰我，还总是嘲笑我：

“你怎么打扮成这样？”

“那顶草帽太难看了。”

有趣的是，我还收到过几顶作为礼物的时髦帽子。

虽然我试着戴过几次时髦的帽子，但是在调查现场，帽子的实用性比时髦程度更重要，因此最终我还是戴回了农民的草帽。而且，在全身是血的时候，我戴上时髦的帽子一定不伦不类，吓人得很。现在，我收到的帽子都被我用心地保存在衣柜里，请大家为我保密哦。

解剖现场的即兴课堂

有些住在搁浅事件发生地附近的孩子们会好奇地来到我们的调查现场一探究竟，因此有时我会为他们即兴开设“海洋生物课堂”。有一天，一群来海边进行户外学习的幼儿园小朋友兴趣盎然地来到了我们身边，于是我对他们说：“大家好！今天，让我们来学习一些关于鲸鱼的知识吧。大家知道鲸鱼吗？”

我带领孩子们来到摆放鲸内脏的地方，他们小跑着聚集过来，眼睛炯炯有神地看着刚从鲸体内取出的内脏。

据我的经验来看，年龄较小的学生几乎都不会害怕鲸尸和内脏。他们不仅不会害怕，还会因为第一次见到这些而兴奋不已。

“这里摆放的是鲸鱼的内脏，你们知道哪个是心脏吗？”

听了我的问题，孩子们纷纷回答。

“是这个！”

“不对，是那个！”

“看，这个就是心脏！”在我指出正确答案后，孩子们都开心地大喊大叫，感叹着“好大呀”。在相互熟悉起来之后，孩子们问我：“姐姐，你在这里做什么呢？”听到他们叫我“姐姐”，我感到很开心。

“姐姐在调查鲸鱼为什么会死在这片海岸上，因此正在仔细检查鲸鱼的身体表面和肚子里面。例如，检查鲸鱼的肚子里面能发现鲸鱼喜欢吃什么食物。”

在我说完后，孩子们纷纷问道：“啊，鲸鱼也有喜欢吃的食物吗？”然后，他们就会一脸认真地听我讲解。

接下来，为了让他们对鲸产生更多亲切感，我会告诉他们鲸和人类都是从妈妈的肚子里生出来的，它们也是喝着妈妈的奶水逐渐长大的。

于是，孩子们问道：“鲸鱼宝宝也会喝妈妈的奶吗？”通常，孩子们对这件事情都很敏感。

因此，我会告诉他们鲸宝宝的确会喝奶，它们虽然住在海里，但是和我们一样是喝奶长大的，它们是我们的同伴。可是，有些鲸宝宝会被海水冲上海岸而死掉，这真令人伤心。因此姐姐正在调查这件事情发生的原因。

“鲸鱼宝宝和妈妈分开了，好可怜。”

“它们虽然像鱼一样生活在海里，却是我们的同伴吗？”

"这么大的鲸鱼可以在海里游泳吗？"

诸如此类的问题会被孩子们随机抛出，回答这些问题让我感到非常快乐。

带队老师往往在刚开始的时候对此有些诧异，不过在亲眼看到巨大的鲸和从鲸肚子里取出的内脏后，也渐渐地对我讲述的内容产生了兴趣，并认真倾听起来。

我相信，对孩子们来说，在看着真正的鲸和它们的内脏时听到的内容一定比教科书上的内容更容易记住，而且这段经历应该也会成为带队老师的美好回忆。

研究人员情不自禁地为孩子们介绍鲸鱼

当然，调查现场发生的事情并非都如此顺利。

曾经有一家人来海岸上散步，小孩看起来还没上学。我见他对我们的工作很感兴趣，就问他：“要不要走近些看看？”结果，他的父母急忙拉着他的手离开了。

甚至，我还曾听见父母严厉地训斥孩子：“鲸鱼的尸体又臭又脏，不要靠近。”

不过，这并不是父母的错，因为有关搁浅的知识还没有真正普及。

大家如果在海岸上见到正在检查鲸或其他动物尸体的人，完全可以试着在他们休息的时候打个招呼。我相信，如果时间允许，他们一定会告诉大家很多知识，因为我们这些研究人员是一群一提到动物就情不自禁地想要与别人分享相关知识的人。

日本国内外的海洋哺乳动物搁浅情况

海洋哺乳动物搁浅事件不只发生在日本，还频繁发生在世界各地。

本书重点介绍了海洋哺乳动物，其实水母等浮游动物、鲨鱼等鱼类及海龟、大王乌贼等深海动物也可能在海岸上搁浅。

欧美国家在很早以前就认识到了调查搁浅动物的重要性，他们将调查数据和样本收集起来，创建了一套成体系的管理系统用于研究。

例如，英国从14世纪开始就把鲟鱼和鲸当成“王鱼”（Royal Fish）特殊对待。不过，鲸鱼并不属于鱼类，因此将二者称为“王鱼和鲸”（Royal Fish and Whale）会更加准确。总之，到了20世纪，大英博物馆就受任管理搁浅鲸类的相关事宜了。

大英博物馆是英国国家级别的博物馆，被收藏在这里的搁浅动物标本会成为英国国宝。

此外，在美国的捕鲸全盛时期，生活在美国近海的海洋哺乳动物数量锐减，其中以蓝鲸、露脊鲸和灰鲸为首，许多海洋哺乳动物都陷入了灭绝的危险。后来，石油和汽油等能源被发现，它们不仅可以取代从鲸类身上提取的油脂，而且方便使用、数量充足、质量过硬，因此美国全面禁止捕鲸，并在1972年颁布了《海洋哺乳动物保护法案》。

从那以后，美国国内搭建的搁浅事件处理机构迅速扩大。设置在各个州的搁浅网络由国家统一提供运营资金，分为调查研究部门、志愿者管理部门、启蒙普及部门、学习支援部门、设备部门等，每个部门都有专职员工常驻。这样，涉及搁浅动物的各种信息能瞬间通过联络网传达给相关人员，同时调查研究、启用资金和设备及调配人手的工作都能顺利推进。这是日本梦寐以求的状态。

无论在哪个领域，即便是被称为专家的人，也一定会有“第一次”。从“第一次”成长为专家要走过漫长的道路，积累很多经验。针对搁浅事件，美国在多个方面都有完善的准备，包括设备、资金、知识及用心传授经验的长辈，这都是托《海洋哺乳动物保护法案》所赐。

此外，美国黄石国家公园里的狼、海獭和灰鲸曾数量剧减，一度陷入灭绝的危机，而现在它们的数量已经归于稳定。可见美国在动物保护方面做出的努力得到了回报。

柬埔寨和缅甸等发展中国家则充分落实环境保护和保护生物多样性的计划，举全国之力努力保护海洋哺乳动物。

如果地球上只剩下一种生物，那么它们将无法生存。各个物种之间保持着相互支持的关系，因此破坏生物多样性是非常危险的行为。当发现某种生物正面临灭绝的危险时，我们需要迅速采取保护措施。

目前，日本还没有专门处理搁浅问题的机构，因此需要以科博为首的博物馆、地方政府、水族馆、大学和非营利组织共同合作应对动物搁浅的情况。科博收藏的标本是日本国家级别的收藏品，会被永久保存，并用于各种各样的研究领域。

虽然鲸类等海洋生物的尸体在漂到海岸上后，地方政府可以自行判断是否将其进行掩埋或焚烧处理，但是很多时候我们都会和当地政府达成共识，共同应对。

在日本，许多还没上学的孩子都知道鲸和海豚，可是它们被冲到海岸上死去的现象却少有人知。而且在知道此事的人中，除专家以外，很少有人意识到这是会逐渐影响人类未来的重要事情。

应对搁浅事件的正确做法

搁浅事件每天都会发生，这意味着任何人都有可能在海岸上发现搁浅的鲸类。

如果在海岸上游玩时发现有大型鲸搁浅，大多数人恐怕都会感到不知所措。即便是尸体，鲸类依然能让人产生巨大的压迫感。

实话实说，由于好奇而靠近搁浅的鲸类是一种危险的行为，不过我们希望大家不要因为过于害怕而对搁浅的鲸类置之不理，就此离去。

那么，大家在遇到搁浅的鲸类时应该怎么做呢？

大家如果在远处就能看清搁浅的鲸类还有呼吸或还在动的话，最好的方法是立刻联系当地政府（县市町村的负责机构）、警察局或消防局等，随后联系附近的水族馆。

如果搁浅的动物还活着，我们就要尽可能地将它们送回海里。救助搁浅的大型鲸会很困难，而救助搁浅的海豚等小型动物则可以让专业人员利用专用担架等工具尝试将它们送回大海。

为抹香鲸听诊以确认它的状况

如果搁浅的动物身体虚弱或受伤需要治疗，它们很可能被暂时送入附近的水族馆或动物园。为搁浅的动物治疗不仅能拯救它们的生命，还能积累救治经验，提高馆内或园内治疗海洋生物疾病的水平。搁浅的动物在一定程度上恢复健康后，有时生态学、生物学、生理学等领域的研究人员会先对它们进行调查，然后将它们送回大海。

治疗搁浅动物的机会非常宝贵，在此过程中我们可以得到许多未知的信息。

大家如果在海岸上发现了已经死亡的搁浅动物，应该立刻联系当地政府。

在这种情况下，如果大家能同时联系当地博物馆或水族馆就更好了，因为就像我在前文中多次提到的那样，已经死亡的搁浅动物很可能被当成大型垃圾处理。

除了博物馆和水族馆外，日本的某些地区还成立了应对搁浅事件的组织。以下 5 个部门就是其中的代表。

· 北海道搁浅部门

· 茨城县搁浅部门

· 神奈川搁浅部门

· 伊势 · 三河湾搁浅调查网

· NPO 法人宫崎鲸鱼研究会

此外，九州的长崎大学水产学院和四国的爱媛大学沿岸环境科学研究中心也在积极完善应对搁浅事件的措施。

我就职的科博除了需要对接各个应对搁浅事件的网点和研究搁浅的学术机构，还会随时与日本鲸类研究所及各地博物馆、大学、水族馆等分享搁浅的相关信息，并对搁浅事件进行调查与研究。

因此，就算发生搁浅事件的地点与科博无关，直接联系科博也是选项之一。

女性研究者总是被大型动物吸引

不知道为什么，在与海洋哺乳动物相关的领域中，女性员工所占的比例极高。以科博的研究人员为例，观鲸景点的员工、水族馆的员工、教育项目的主办人等都是女性居多。

我听说，女性通常会对比自己体形大的海洋哺乳动物产生憧憬、尊敬的情绪，并从它们身上感受到幸福。

尽管女性员工的人数居多，可是搁浅调查现场和制作标本的工作都是“3K”（辛苦、肮脏、危险）④的重体力劳动，而且博物馆的其他工作同样如此。

这造成的必然结果就是，哪怕是女性，从事这些工作的员工的身材也与“苗条”相去甚远。女性员工们大多有着结实的肌肉，皮肤被晒得黝黑，且声音洪亮。

---

④ 日语中的“kitsui”（辛苦）、“kitanai”（肮脏）、“kiken”（危险）的首字母都是“K”。

无论如何，我们都是因为喜欢这个领域才会在这里，就算是体形娇小的女性也能通过不断积累经验后在工作中大放异彩。

在美国留学时，我发现分散在西海岸的著名研究机构里的研究人员几乎都是女性，她们都非常能够理解自己的同伴，这让我感慨万千。看着活跃在工作一线的女性研究者们，我从心底认为她们十分帅气，希望自己有一天也能成为她们的样子。

在写这本书时，我得到了另一个写书的机会，那本书旨在向初中生介绍理科的有趣之处。近年来，在升学后选择理科的初中生，尤其是女初中生越来越少。

在我上初中的时候，选择学习理科的女生就很少。当时，女性活跃在工作一线还不是理所当然的事情，人们都认为女性在选择理科后，工作的道路会很窄。

实际上，在科博的动物研究部门，我是时隔 50 年来第一个女性专职人员，目前在科博的动物研究部的 19 名专职人员中，只有我一个女性。放眼全世界，由女性担任国家领导人或重要职位的国家绝对不算少，而且这些女性的私人生活大多也很充实，会在兼顾事业的同时结婚生子。如果社会不以年龄和性别为标准来评价个人，那么女性能够施展能力的场合一定会大大增多。如果今后有更多女性活跃在科学领域，我会感到非常开心。

第4章

海豚曾经有「手」有「脚」

最可爱的鲸类

相比鲸，大多数人都觉得海豚更亲切。因为人们平时几乎没有机会亲眼见到鲸，但只要去水族馆就能见到海豚，而且有些水族馆还能让人摸到海豚。此外，海豚在电视节目中也是“大红人”。

当海豚从水中探出头看向人类时，它的表情就像是在微笑。在科学上，人们很难证明海豚是否在笑。其实，海豚的脸上有一片被称为“表情肌”的肌肉，拥有表情肌是海豚身为哺乳动物的证据之一。

不过，表情肌主要的功能并不是做表情，而是形成“脸蛋”，以便在出生后能够吮吸母亲的乳头、喝到母乳，次要的功能才是做表情。

实际上，我们如今尚未发现海豚能做出“愤怒”“悲伤”等表情。

据说，潜水的人在海豚栖息的海域多次下潜后，海豚就会凑上前来，做出仿佛在邀请他们“一起游泳”的姿势。当然，潜水的人并没有给它们食物。

野生海豚主动靠近人类确实是一件不可思议的事情。在短暂的共游后，它们就会缓缓地从人类身边游走消失。至今，我们也不知道它们是否对每种动物都会做出同样的行为。我就自顾自地认为它们是因为能够在同为哺乳动物的人类身上感受到某种同类的气息，所以才选择亲近人类。

其实，有些鲸也和海豚一样亲近人类，不会因为人类靠近而逃走。可是，鲸的体形太大，无法和人类一起游泳，而且它们的脸太大，就算露出微笑的表情，人类恐怕也看不出来。

或许，有人会认为鲸和海豚是完全不同的生物。其实，海豚和鲸在生物学上是相同的类群。

海豚和鲸同为偶蹄目动物，属于鲸类。人们习惯将"可爱""天真无邪"的鲸类称为海豚，将体形巨大、令人敬畏的鲸类称为鲸鱼。简单来说，海豚就是"小型鲸"。

通常，体长小于 4 米的鲸类叫作海豚，体长超过 4 米的鲸类叫作鲸。

因此，第 2 章和第 3 章中提到的与鲸相关的内容全都适用于海豚。前文提到，鲸类可分为须鲸和齿鲸，海豚属于齿鲸。除抹香鲸之外，齿鲸的尺寸以小到中型为主。

我们经常在水族馆中见到的瓶鼻海豚、太平洋斑纹海豚、康氏矮海豚、点斑原海豚、糙齿海豚和印太江豚等都属于齿鲸。

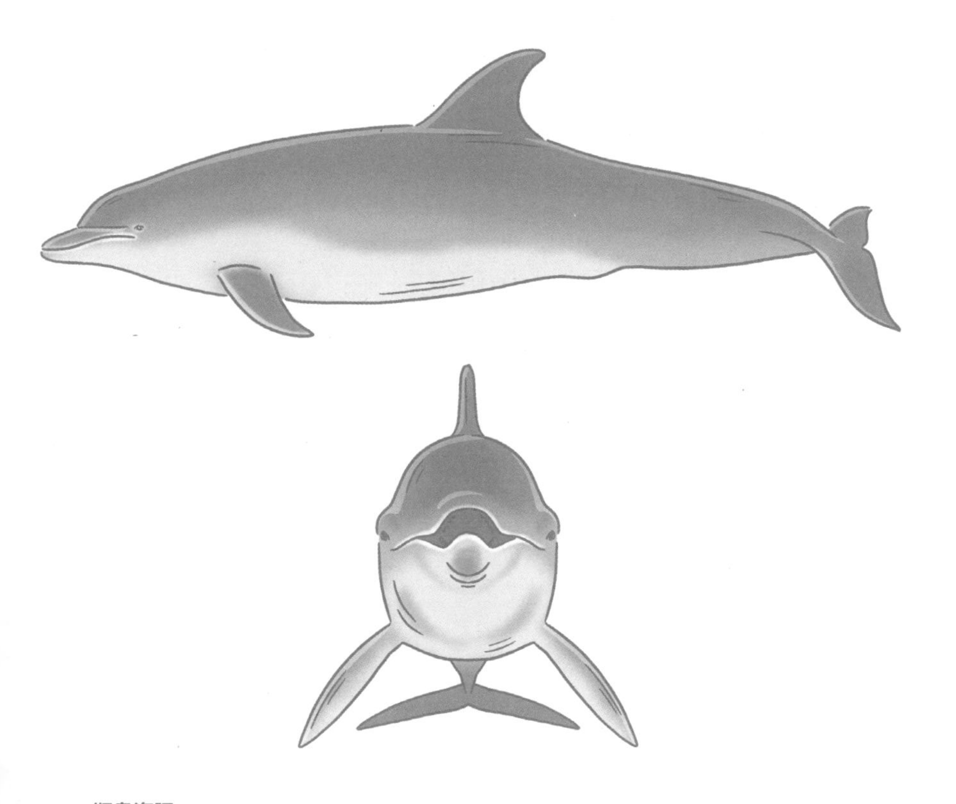

瓶鼻海豚

海豚的“手”和“脚”去了哪儿

从广义来看，海豚、鲸和人类都属于同一系统。生物学上的“系统”指几种生物按照一定的顺序向上溯源后，相互之间存在某种联系，例如拥有共同的祖先、亲缘关系等。

生物在进化的过程中会分化出各种各样的系统，哺乳动物也自成一种系统。哺乳动物如字面意义所示，指生下孩子后用母乳喂养的动物。

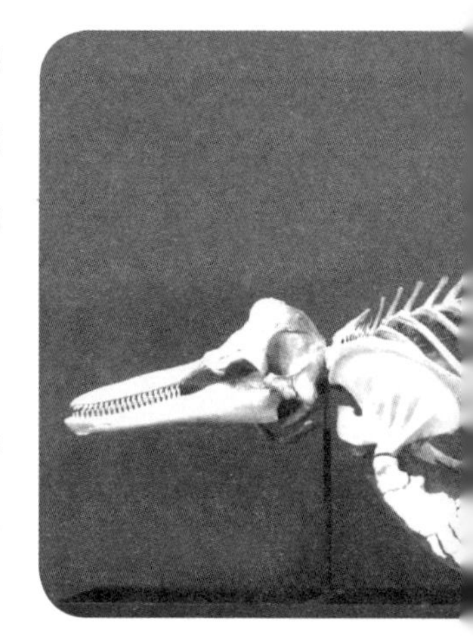

我们所熟悉的猫、狗和我们属于同一系统，这一点很好理解。大家如果看过猫、狗在生产和给后代喂奶时的样子，就更容易理解这一点了。

不过，就算我告诉大家在海中遨游的海豚

和鲸是“人类的同类”，恐怕也有很多人无法理解。

有人会说：“它们看起来就是鱼啊。”

确实如此。

在一般情况下，同一系统的生物外形是相似的，因为它们身体的基本构造是相同的。

猫、狗乍一看和人类并不一样，可是如果人类四肢着地，那么猫、狗和人类的基本体态就比较相似了。例如，在电视节目或网络视频中，猫会因为靠坐在椅子上的样子像大叔而引发讨论。考虑到猫和人类属于同一系统，它的样子像大叔也就能够被接受了。

与此相对，海豚和鲸并不像人类一样有手有脚，而是有背鳍和尾鳍，

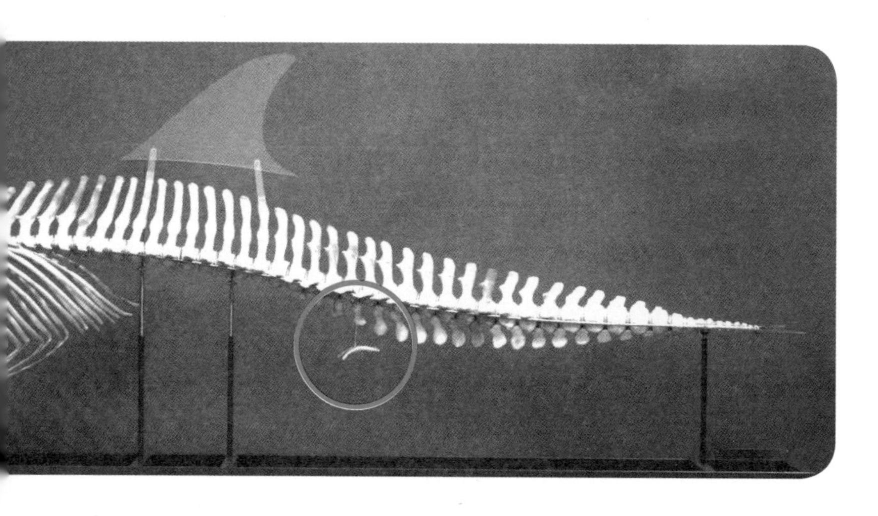

瓶鼻海豚的骨骼。其后腿退化，骨盆的骨骼依然存在

这实在很难让人接受它们和我们的身体构造基本相同的观点。是什么造就了这种不同呢?

如果生物所处的环境发生变化，生物就会为了适应新的环境而改变自己的身体结构和功能，以维持生存。这种改变如果成功，就叫作进化。

海豚等海洋哺乳动物的祖先都曾经生活在陆地上，可是不知出于何种原因，它们选择从陆地上返回大海。于是，为了适应与陆地生活完全不同的海洋生活，它们身体的各个部位就发生了变化。

例如，为了减小海水的阻力以加快行动速度，海豚和鲸的身体形状变成了像鲨鱼等鱼类那样的流线型。

再如，在水中迅速游动需要尾鳍的助力，因此海豚和鲸的后腿退化，前腿进化成可以在游动时掌舵的鳍。

最终，海豚和鲸的外观变得和鱼的非常相似。在适应环境的过程中，一些生物获得了相同或相似的身体外观和身体功能，这就叫作“趋同进化”或“趋同”。

哺乳动物为什么要模仿鱼类进化

经常有人问我：“海豚为了适应水中的生活将自己的体型变得像鱼的一样，那么它们不就已经是鱼类了吗？”

如果当真如此，恐怕我就不会对这些海洋哺乳动物有如此大的兴趣了吧。实际上，它们的神秘之处就在这里。

海豚的外表确实像鱼，不过在将它们解剖后，我越是仔细观察它们的身体内部，越能真切地感受到海豚确实和人类同属于哺乳动物。

海豚的骨骼构造依然和陆地哺乳动物相同，不一样的只有各个部位骨骼的尺寸和数量。比如由于后腿退化，海豚已不再需要骨盆，然而它们的身体里现在依然保留着骨盆的骨骼。

此外，它们的尾鳍和背鳍只是由皮肤变成的“伪鳍”，结构与鱼类的不同。在这一点上，不仅是海豚，鲸和海狗等海洋哺乳动物都是如此。

海豚的鳍的朝向、位置和数量等都与鲨鱼等鱼类的不同。例如，鲨鱼等鱼类的尾鳍与身体平行，会通过左右摇摆促使身体前进。

在游泳时，鲨鱼会左右摆动尾鳍，海豚会上下摆动尾鳍

而海豚的尾鳍垂直于身体，会通过上下摆动促使身体前行。人类在潜水时穿着脚蹼的双脚也是上下摆动的。

尽管海豚的外表会让人联想到鱼类，可是如果观察它们的骨骼、内脏等部位，就能发现它们与哺乳动物的共同点，以及它们为了适应海洋环境而进化出的不同之处。

海豚游泳速度快的原因

提到海豚，大多数人会想到它们在海中悠然自得游泳的样子。其实，海豚的游泳速度能达到每小时 50 千米。之所以能游得这么快，其中一个原因是它们拥有独特的游泳方式。

很多人都在视频中见过海豚做出先跃出海面再下潜的动作。这种游泳方式叫作“豚跃”，除海豚之外，企鹅也会一边跳跃一边游泳。

也许有人会疑惑:“难道不是潜入水中游泳才更省力、速度更快吗？”

确实如此。举例来说，在潜水游泳的鱼类中，旗鱼的游泳时速能达到 100 千米。然而，海豚是用肺呼吸的哺乳动物，在游泳的过程中必须呼吸空气。因此，尽管海豚潜入水中游泳的速度更快，它们也必须定期浮出水面呼吸。

在休息或玩乐时，海豚浮出水面呼吸是一件简单的事情，可是在捕食或逃避外敌的追捕时，如何一边呼吸一边迅速游泳就成为了一个难题。

海豚一边呼吸一边游泳

如果在向前游泳时探出头部，头部的后方就会形成旋涡，从而产生一股将它们向后拉的力量，导致游泳速度减慢。既然如此，不如将全身跃出水面，反而可以加快游泳速度。

于是，海豚发明了“豚跃”这种游泳方法，即按照一定的节奏跃出水面进行呼吸，以保持高速游泳的状态。以上是学界的主流说法。

海豚流线型的身体和前细后粗的吻部能最大程度地减小水中的阻力，有助于它们完成豚跃。不过大型鲸由于身体庞大，很难采用这种游泳方式。

对海豚来说，豚跃只是在必要时采用的游泳方式，它们并不会长时间保持豚跃。不过即便如此，我们也经常能看到在并不紧急的情况下，如在高速前进的船只旁，有一边进行豚跃一边与船只并排前进的海豚。每当看到这副景象，我都会想象这是因为它们在向人类展示自己，这个想象会让我的心情变得格外喜悦。

我想，大家一定能够在海豚身上感受到其他海洋哺乳动物身上所没有的独特魅力。

进化的听觉与丧失的嗅觉

海豚鼻孔（喷气孔）的功能和构造都很有特点。

大多数哺乳动物有两个鼻孔，然而海豚（齿鲸类动物）只有一个，位于头顶。其实鼻孔在头骨左右两边各一个，不过由于头骨和鼻孔中间的左右两条通道会合并成一条，结果能够看见的鼻孔只有一个。海豚通过鼻孔获取氧气并排出二氧化碳，进行肺呼吸。

海豚的鼻子除呼吸之外，还承担着一项重要的任务，那就是进行其他非齿鲸的海洋哺乳动物不具备的“回声定位”。回声定位指利用发射出去的超声波反射来探索周围的情况。

海豚外鼻孔的根部内有嘴唇形状的褶皱，能通过振动发出各种各样的声波，其原理与人类喉咙深处的声带通过振动发声的原理一样，这相当于海豚的鼻腔里有声带。褶皱形状因为与猴子的嘴唇相似，以前被叫作“猴唇”。不过，由于它实际上是与发声相关的特殊器官，所以现在被叫作“发音唇”。

在水中，即使是透明度高的地方，视线距离最多也只能达到几十米。而且，阳光只能照亮大海的上层区域，在此之下则是一片漆黑，海豚几乎无法依靠视觉探索周围的环境。

因此，海豚会不停地用发音唇发出超声波和听力范围内的声波，并通过鼻孔前方的额隆（Melon）调整声波的方向和强度，最终接收反射回来的声波，以此收集周围的信息，进行捕食。

额隆得名“Melon”的原因众说纷纭，最常听到的是其截面与哈密瓜表面的网状结构相似，因此得名。通过“Melon”发出声波并接收撞上物体后反射回来的声波，这是只有齿鲸类动物才具备的特殊能力。

海豚没有耳郭（指包括耳垂在内的体外可见的耳朵部分），因为耳郭会妨碍游泳。而且海豚不像人类那样用耳朵接收声波，而是用下颌骨接收。对海豚而言，反射回来的声波会通过下颌骨传递到其内侧的脂肪组织，然后脂肪组织配合声波发生振动。振动通过内耳传递到大脑，海豚在“听到声波”后，就会采取下一项行动。患有听觉障碍的人类可以通过携带特殊器械以利用骨传导听到声音，海豚的听觉原理和骨传导的原理大致相同。“Melon”和下颌骨内侧的脂肪组织与海豚的听觉密切相关，因此被称为“额隆”。

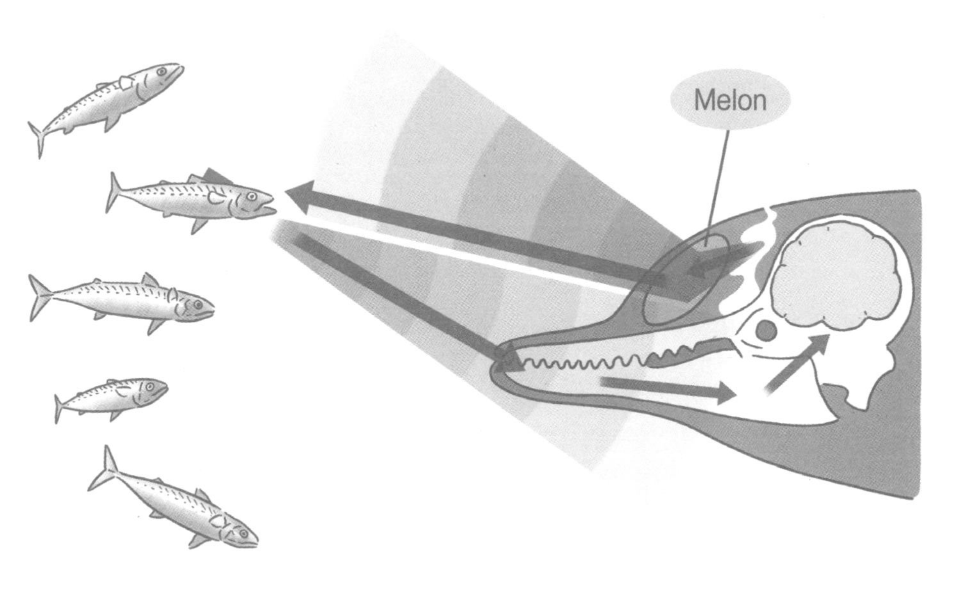

海豚的回声定位

在人类听来，海豚在探寻周围的物体时发出的声波像“咔嗒咔嗒”的声音，在与同伴交流时发出的声波像哨声。

人类能听到的声音频率为 20 ~ 20000 赫兹，而海豚能听到的声音频率大多在 100 ~ 150000 赫兹，范围更广。它们能够根据不同的目的调整发出声音的频率和强弱，以此确认自己与同伴之间的距离、猎物和外敌的大小和位置，以及四周是否存在障碍物等。

在陆地上的哺乳动物中，生活在黑暗洞穴里的蝙蝠也具备同样的能力。蝙蝠和人类一样通过喉咙里的声带发声，不过发出的是超声波，然后用耳朵接收反射回来的超声波。也就是说，虽然海豚和蝙蝠拥有同样的能力，但是海豚为了适应海洋环境进化出了独特的听觉结构。

此外，据说海豚的大脑中没有控制嗅觉的结构（嗅球和嗅神经）。

有人可能想问："海豚在水里本来就闻不到气味吧？"

确实，像人类这种适应陆地生活的动物，鼻子是无法在水中闻到气味的。我们如果在大海中用鼻子呼吸，一定会溺水。

生活在水里的海豹、海狮等鳍脚类动物都没有嗅觉。

嗅觉是动物最原始的感觉之一，脊椎动物的祖先在水中生活时就已经具备了嗅觉。当它们登上陆地时，嗅觉结构发生了改变，于是它们也能发现空气中具有气味的物质。不过，当海洋哺乳动物再次回到水中时，却不再具备与嗅觉相关的神经系统。相关原因目前还没有定论，或许是因为它们无法进化出在水中使用嗅觉的能力，又或许是因为它们没有必要进化出嗅觉。顺带一提，须鲸的嗅觉神经系统发生了明显的退化，不过它们依然可以闻到空气中的化学物质的气味。

还有一种观点认为海豚虽然失去了嗅觉，但是得到了回声定位这种新能力，因此没有必要恢复嗅觉功能了。

内脏圆滚滚

在解剖海豚时，我们发现它们的内脏有许多不同于陆地哺乳动物的进化痕迹。

例如，与鲸类拥有共同祖先的陆地哺乳动物——牛和河马等偶蹄目动物被划分为以草为主食的食草动物。尽管大部分哺乳动物都无法分解草中所含的纤维素，它们依然以草为主食。

这是因为，偶蹄目动物的胃里有用来分解草中所含纤维素的微生物，而马和貘等奇蹄目动物包括盲肠在内的整个肠道都可以作为发酵场所，为消化草发挥着重要的作用。

但在海洋哺乳动物中，包含海豚在内的齿鲸，除恒河豚之外都没有盲肠。在重新回到大海的过程中，海豚变成了以头足类和鱼类等动物为主食的食肉动物。也就是说，它们不再需要分解纤维素，因此不再需要盲肠。

不过，同为食肉动物的须鲸现在依然有盲肠，而且非常明显。须鲸的盲肠既然保留了下来，就应该能够发挥某种作用，不过这种作用尚且不明，这也是今后的研究课题中的一项。

此外，在回到大海之后，海豚口腔中的结构发生了改变。海豚拥有牙齿，我在第 2 章中已经简单介绍过齿鲸牙齿的作用。有些齿鲸的牙齿很独特，例如糙齿海豚的牙齿表面有皱褶，江豚的牙齿呈铲形。

虽然齿鲸长有牙齿，但是鲸和海豚依然会将食物整个吞下。它们之所以能够做到这一点，是因为支撑舌头的骨头，也就是“舌骨”的巨大改变。

在进食时，它们的嘴会微微张开，与舌头相连的舌骨就被从胸骨延伸出来的肌肉向后拉动，于是嘴巴里的空间扩大，压力比口腔外更低，食物自然而然地被吸入口中。为了适应这种进食方式，海豚进化出了能拉动舌骨的强劲肌肉与又大又结实的舌骨。利用它们，海豚就能将乌贼、章鱼和鱼类整个吞入口中。

包括人类在内的大多数陆地哺乳动物会使用牙齿捕捉并咀嚼猎物，因此舌骨不参与捕猎，一般都很纤细。海洋哺乳动物为了在水中能高效捕食，舌骨发生了个性化的改变，因此它们能顺利地将食物吸入口中。

可是，这里还存在一个疑问。

也许已经有读者发现了，海豚在吸入食物时其实伴随着巨大的风险，那就是会同时吸入大量海水。如果它们无法妥善处理海水中的盐分，身体就会脱水。

基本上，生物的体液中都含有一定浓度的盐分和矿物质。它们是生物体内不可或缺的成分，不过一旦摄入过量，就会威胁生命，生活在海洋中的哺乳动物同样如此。因此，海洋哺乳动物应该尽量不喝海水。

同样住在大海里的海龟可以通过眼睛下方的泪腺调节盐分，鱼类的鳃里有调节体内盐分的细胞，而身为哺乳动物的海豚体内却没有调节盐分的器官。它们在不具备这种能力的情况下回到海中，却偏偏选择了需要吸入大量海水的捕食方式。

“虽然食物会连同海水一起进入嘴里，但是可以做到只吃食物吗？”

我和同事提出这个问题后，一起进行了简单的实验。我们在嘴里含一口冰水，尝试只吃下其中的冰块，不过失败了。大家也可以尝试一下，这绝对无法做到。

如果海豚在进食时会喝下一定量的海水，那么它们怎么调节海水中的盐分呢？实际上，它们的肾脏和肠道都能在一定程度上调节体液中水和盐分的比例，不过如今我们还没有研究出整个过程是如何进行的。

此外，以海豚为首的鲸类的内脏都是圆滚滚的。我在日本兽医生命科学大学见惯了牛和狗等动物的内脏，因此第一次看到海豚的内脏后大吃一惊。哺乳动物的肺一般分为左肺和右肺，二者再分成多个小块，而海豚的肺就像发酵中的面包胚一样，是圆滚滚的一整块，肝脏同样如此。

陆地哺乳动物的胰脏一般呈现出像刚做好的豆腐一样蓬松、黏稠的状态，而鲸类的胰脏则呈像炸鸡块一样结实的块状。陆地哺乳动物的胰脏一般呈像五平饼一样扁平的椭圆形，而鲸类的胰脏却是球形的。当我第一次看到鲸类的胰脏时，我甚至差点将其误诊为畸形。

海洋哺乳动物的内脏为什么是这种形状的呢？这恐怕是因为球形内脏里的血管结构更加简单，更易耐受水压和水温的变化。实际上，球形是最能承受外界各种物理刺激（如压力、冲击）的形状。考虑到这些，鲸类的内脏全都是球形的就非常合理了。由此可得，海洋哺乳动物的内脏已经充分适应了海洋环境，这样它们才得以生存下来。

海豚等鲸类为了适应水中的生活，花费漫长的时间有效地改变了身体结构。尽管如此，与同样生活在水中的鱼类相比，它们的生活依然有

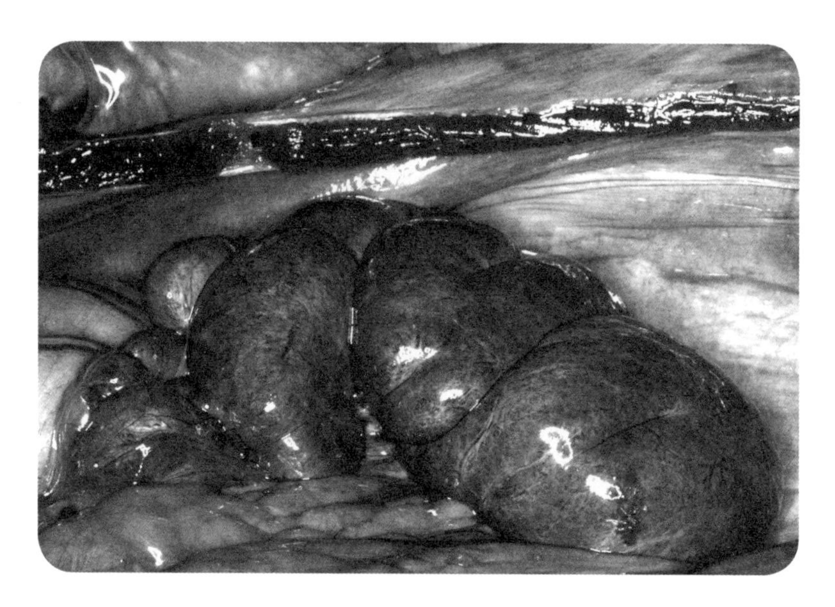

像奶油面包一样圆滚滚的胰脏

很多不便之处。例如，它们每次呼吸都需要浮出水面，即使刚出生的宝宝也要一边游泳一边寻找母亲的乳头来喝奶。尽管如此，它们还是选择继续生活在大海中。也许，它们现在依然处于寻求转变的过程中。

无论如何，哺乳动物、恒温动物、脊椎动物“系统”的生物所展现出的特征，与海洋哺乳动物为了适应海洋环境而展现出的与其他系统的生物偶然趋同的特征总是相反的。在思考生物的进化方式和生存方式时，这是非常重要的一点。

“超级明星”江豚搁浅最多

在日本，与海豹、海狗等鳍脚类动物及儒艮、海牛等海牛类动物相比，鲸和海豚等鲸类的搁浅报告最多。其中，生活在日本沿海的江豚全年都有搁浅报告。

江豚是栖息在中国长江和亚洲沿岸区域、体长2米左右的小型齿鲸。在日本，江豚集群主要栖息在5个海域，包括仙台湾到东京湾、伊势湾、濑户内海、大村湾和有明海、橘湾，每个大型集群由一个到几个小型集群组成。

大家就算不知道江豚这个名字，应该也在电视节目或网络视频中看到过会吐出一圈圈泡泡环的海豚吧，那就是江豚。

江豚既没有喙也没有背鳍，从外形来看是“不像海豚的海豚”。

不过，它圆嘟嘟的脸可爱极了，因此人气和瓶鼻海豚不相上下，各地的宣传活动经常以江豚为主题来设计吉祥物和产品，通常会受到各个年龄阶段的人们的喜爱。

可是却很少有人知道，被大家所喜爱的江豚经常会被冲上海岸。

江豚吐出泡泡环

目前，长崎大学水产学院的冷库中保存着大量在九州沿岸搁浅的江豚的标本。他们每年年底都会举办一次“解剖大会”，从日本全国招募希望对这些江豚进行解剖调查的研究人员，并向大家提供用于研究的样本和信息。

在这个活动中，每次都会有 20 ~ 30 头江豚被解剖调查，这说明仅在九州沿岸，每年就会有 20 ~ 30 头江豚搁浅。

江豚属于栖息地靠近海岸线的物种。探寻它们为什么喜欢生活于沿海水域也是解剖调查的目的之一。

目前已知，江豚喜欢捕食生活在沿海水域的鱼、虾、乌贼等，且江豚的体长只有 2 米左右，体形并不算太大，或许因此我们才要将它们与体形较大的海洋哺乳动物分开。

生活在海岸线浅水区的江豚很容易受到人类社会的影响。例如，填海造地工程会夺走江豚的栖息地和食物，混在河流和雨水中流入海洋的环境污染物会影响它们的健康。

实际上，通过填海造出的陆地完全可以说是污染物的“聚集地”。用笔记本电脑、手机、电视、汽车等物品的零件造出陆地后，这些人造物品中的阻燃剂、涂料等环境污染物就会溶解在海水中。

我在第 7 章中会为大家详细介绍关于海洋环境污染的问题。有报告指出，大约七成的塑料等环境污染物都是从河流进入海洋的。

某环境保护组织曾经说过：“在日常生活中，大家每次拧开水龙头时都应该想到，水管的尽头连接着大海。”

我认为他们所言极是。

日本处理污水的能力和设备几乎是世界顶级水平，可是近年来，研究人员发现依然有许多无法被检测出来的直径小于5毫米的微型塑料对海洋生物造成了巨大的影响。如果人们广泛使用的隐形眼镜、牙膏壳、塑料膜、玻璃容器等物品的碎片随着污水流入大海，它们就会威胁海洋生物的生命。

水质恶化会导致海洋哺乳动物的食物减少，溶解氧含量（海水中的氧气含量）降低，而且环境污染物在海洋生物的体内积累后会导致它们由于免疫力降低而生病、死亡。此外，塑料覆盖海面会导致海洋生物无法呼吸。这些严重的问题都可能导致江豚的数量越来越少。

每次看到搁浅江豚的尸体，我都不由自主地想到，江豚是在用自己的生命向人类敲响警钟。

为什么会发生大规模搁浅

通常，多头海洋哺乳动物一起被冲到海岸上的情况被称为“大规模搁浅”。前文提过，在初春时节，千叶县到茨城县的沿岸经常出现多头瓜头鲸（属于海豚科）同时搁浅的情况。

最近的事例发生在 2015 年，156 头瓜头鲸被冲上茨城县的海岸，搁浅海岸线长达 5 千米。

为什么会出现大量海豚科动物同时搁浅的现象呢?

已经查明的原因如下：传染性极强的疾病导致海豚患上群体性肺炎和脑炎；全球性的磁场变化导致海豚对路线做出了错误的选择；头盖骨内部的寄生虫损坏了海豚的脑神经，导致海豚无法正常进行回声定位；误收到人类军事演习时发出的低频声波而受惊上浮，最终因减压病（相当于人类的潜水病）死亡；接收声波的额隆或内耳遭到破坏等。

海豚在千叶县的海岸上大规模搁浅

此外，由于海豚具有很强的社会性，一群海豚中只要有一头身体不适，其他海豚都会配合它改变行动。如果身体不适的海豚是头领，那么整群海豚都会因为配合它的行动而游向错误的方向。

神秘的“小杀手鲸”

在生活于日本周围海域的海豚中，有一种海豚几乎没有搁浅记录，被认为是“传说中的海豚”，这就是小虎鲸。

在 19 世纪下半叶，小虎鲸第一次出现在文献记载中，英国自然历史博物馆收藏了两个小虎鲸的头骨，可是尚未拥有小虎鲸的全身骨骼，因此小虎鲸的全貌和生活方式依然不为人所知。

再次发现这种“传说中的海豚”的人，是日本的鲸类研究先驱、日本的鲸类研究第一人——山田致知老师（以下简称“山田老师”）。

1952 年，山田老师因工作前往被称为日本古式捕鲸发祥地的和歌山县太地町，碰巧听到海边的渔夫们发出吵闹声，他们似乎发现了一头从没见过的海豚。他急忙跑上前去，发现这里果然有一头少见的海豚，于是将它的全身骨骼带了回去。

这头海豚的头骨与当时日本国内发现的海豚的头骨都不一致，后来与英国自然历史博物馆收藏的两头小虎鲸的头骨比较后，才发现这是与它们同种的海豚。时隔约 1 个世纪，小虎鲸再次被人类发现，这简直就像做梦一样，因此日本鲸类研究者们接受了鸟类学者黑田长礼的提议，给小虎鲸取了一个日本名字——梦鲸。

小虎鲸，体长约 3 米，嘴巴周围和肚子是白色的

小虎鲸体长约 3 米，头部圆润，没有喙，体型相对纤细，通常会与 10 多头同伴集体行动。

小虎鲸的英文名是“Pygmy Killer Whale”，意思是“小杀手鲸”。小虎鲸竟然被称为“杀手”（Killer），这与它的日本名字形成了强烈反差，喜欢海豚的人或许觉得受到了打击。其实，小虎鲸确实性格粗鲁，并不亲近人类。

现在，日本国内只有冲绳美丽海水族馆饲养着一头小虎鲸。

再次发现小虎鲸的山田老师是科博的山田格老师（我的前辈）的父

亲，而后者通过测量和比较搁浅鲸类头骨数据发现了两种新物种的鲸，这可以说是一种“父子传承”吧。

被封在浮冰里的12头虎鲸

上一章中的小虎鲸的英文名是“Pygmy Killer Whale”，而真正的“Killer Whale”指虎鲸。

其实，让我开始研究海洋哺乳动物的契机正是虎鲸。在上学时，虎鲸完美的体形、黑白交织的体色及又大又锋利的牙齿瞬间敲开了我的心门，简单来说，就是我对它“一见钟情”了。它们之所以被称为“杀手”，只是因为它们要在残酷的自然界中生存下去。事实上虎鲸对同伴非常温柔、体贴，这种反差再次让我心动不已。

因此，虎鲸成为了我最喜欢的海洋哺乳动物，而且其地位极其稳固。

2005年2月7日，山田老师接到了一个电话。对方是东京农业大学鄂霍次克校区的宇仁义和先生。

“在北海道目梨郡罗臼町相泊沿海有12头虎鲸被封在了浮冰里。”

这通电话是一系列悲惨事件的开始。

宇仁先生说，这几天知床半岛和国后岛（俄称“库纳施尔岛”）之间的海峡里的浮冰被强风一口气吹到了北海道东部沿海，只用了一个晚上的时间就冻住了整个相泊沿海。

在海边经营食堂的居民早晨听到了陌生的鸣叫，于是去海边查看情况，初步发现有 4 ～ 5 头虎鲸被冰封在海岸边的浅水区动弹不得，浮冰已经被血染红。居民大吃一惊，马上联系了罗臼町町公所。

罗臼町町公所的负责人到达现场后，看到约 10 头虎鲸被封在了浮冰里。其中，有几头还活着，其中几头非常年幼。人们尝试了各种各样

罗臼町相泊沿海中被浮冰封住的虎鲸

的救援方法，可是都没有进展。

虎鲸被封在了浅水区，因此巡视船无法靠近。人们试图用渔船撞碎浮冰，为虎鲸开出一条逃生道路，可是渔船也无法开到虎鲸附近，而且好不容易开出的一小段逃生道路由于气温太低，很快就再次被冰封上了。

当日下午，虎鲸被浮冰推到了更靠近岸边的位置，于是人们决定将它们拉上来运往水族馆，哪怕只能救出虎鲸宝宝也好。然而，即便是虎鲸宝宝，其体重也有几百千克。最终人们只能放弃这个方法。当日傍晚，开始有虎鲸死亡。日落后，拯救行动被迫中断，人们只能眼睁睁地听着尚且存活的虎鲸哀鸣。

2 月 8 日早晨，浮冰中只剩下一头雌性虎鲸依然存活。当日下午，这头虎鲸顺利摆脱浮冰，向大海中游去。在这个原本由 12 头虎鲸组成的集群中，所幸有 2 头在 7 日凌晨自行逃脱，有 1 头在 8 日下午自行逃脱，剩下的 9 头（包括 3 头虎鲸宝宝）都在浮冰中死去。

一群虎鲸由于被困在浮冰中而几乎全部死亡，这种情况在世界范围内都非常罕见。当时，日本国内的研究者还几乎没有机会见到虎鲸，因此他们无论如何都希望必须解剖剩下的 9 头虎鲸，尽可能多地回收用于研究的标本。

然而事与愿违，现实情况非常严峻。当时，包括罗臼町相泊在内的北海道东部地区遭遇了强风和暴雪。从罗臼町到虎鲸尸体所在的海岸只有一条路，可这条路早已被大雪封锁。想要往返两地运输虎鲸尸体，就必须先开展大规模的除雪工作。此外，如何搬运 9 头巨大的虎鲸同样是个大问题。

背鳍约 2 米长的雄性虎鲸，虎鲸是两性异形的鲸类，巨大背鳍是雄性的象征

正当我们不知如何是好时，2 月 9 日，给虎鲸造成了巨大伤害的大海竟然变得风平浪静，仿佛一切都没有发生过，海岸附近的浮冰几乎都消失了。于是，我们在当地潜水员和船只的帮助下将 9 头虎鲸的尸体拖至相泊渔港，并决定在 2 月 14 日到 16 日的3天里开展解剖调查。

罗臼町位于 2005 年 7 月被列入世界自然遗产的知床半岛。知床半岛拥有雄伟的自然景观、充满生命力的野生动物和各种味美的食材，是世界上不可多得的好地方。

如果可以，我希望能在知床半岛沿海见到活着的虎鲸，希望在所有虎鲸都平安获救的现场发出欢呼声。虎鲸的死亡令人遗憾，为了让它们发挥更大的价值，我必须在此次调查中竭尽全力。而且，此次调查受到全世界的关注，我感到责任重大。

在调查当天，9 头虎鲸在被吊车装进卡车后运到了调查地点（峰滨最终处理场）。外表拍照和外表观察工作是在虎鲸被吊车吊起时进行的，因此待它们到达调查地点后，我们立刻开始进行解剖调查。

此时，距虎鲸死亡已经过去大约 1 周时间，虽然这里天气寒冷，但是内脏依然腐烂得很严重。在能够检查的范围内，我们并没有发现其内脏存在病变，因此得出结论，这 9 头虎鲸的死因是无法挣脱浮冰。

虎鲸的“相亲会”

目前，世界各地对虎鲸的研究都在不断推进。虎鲸按栖息方式大致可分为三类：一是定居在固定海域的“定居型”，二是定期在深海和浅海之间洄游的“洄游型”，三是只在远洋生活的“远洋型”。

虎鲸，体长约 7 ~ 8 米，身体上有黑白分明的花纹

在定居型虎鲸栖息的海域中，一年四季都生活着野生虎鲸。世界著名的虎鲸定居地是加拿大的温哥华。2021 年的一项研究成果表明，在北海道也生活着定居型和洄游型虎鲸。

在加拿大温哥华等定居型虎鲸栖息的海域，研究人员可以细致地研究虎鲸的生态。

例如，虎鲸会以一头雌鲸为中心，以血缘关系为纽带组成一个集群，从而形成母系社会。每个集群的叫声各有特点，因为它们也有各种“口音”或“方言”。现在，研究人员已经发现定居型、洄游型、远洋型虎鲸的叫声各不相同。

通常，一个集群由几头到十几头虎鲸组成。到了交配的季节，多个集群会组成一个“超级集群”，定期举办“相亲会”以寻找交配对象。这是母系社会中的常见生态，目的是避免近亲交配。

此外，在食性方面，定居型虎鲸以鱼类为主食，洄游型和远洋型虎鲸大多以哺乳动物为主食。定居型虎鲸之所以会居住在固定海域，是因为那里全年都有丰富的食物。在加拿大温哥华的海域中，一年到头都有大量的鲑鱼，因此这里的定居型虎鲸的主食就是鲑鱼。

洄游型和远洋型虎鲸需要四处捕食，因此它们以体形较大的海豹、海狮等哺乳动物为主食。

也就是说，虎鲸不挑食，这也是它们能够生活在世界各地的大海中并成为“海洋霸者”的一大原因。

在那次“冰封事件”发生后，研究人员检查了在罗臼町沿岸死亡的虎鲸的胃里残留的内容物，发现主要以海豹和乌贼为主。也就是说，它们会吃哺乳动物和乌贼。此前，人们并没有发现虎鲸以这种组合为主食，这是首次发现这种情况。

而且，研究人员还发现了一群虎鲸分食一头海豹的痕迹，这是野生动物中罕见的“分配猎物”的现象。

这群虎鲸以哺乳动物为食，说明它们可能是洄游型或远洋型虎鲸。根据长年在这片海域分辨虎鲸种类的佐藤春子女士收集的数据来看，我们认为这群虎鲸属于洄游型。

也就是说，这群虎鲸并非一直生活在根室海峡，而是从别处游来的，只是由于运气不好，才被封在了浮冰里。此外，我们在3头虎鲸宝宝的胃里发现了奶水，这件事深深刺痛了我的心。

在调查过程中，我们回收了各种各样的样本，对我来说，其中最重要的是骨骼标本。这9头虎鲸的骨骼标本应该如何保存，以及保存在哪个机构中等问题一直讨论到最后才得出结论。科博此前并没有收藏成年雄性虎鲸的全身骨骼，因此很想得到一具此种标本，北海道的几个学术机构也申请保存这些虎鲸的骨骼标本，其中一个学术机构是知床半岛的罗臼游客中心。

当时，相关人员已经得知，知床半岛将在几个月后成为世界自然遗产。罗臼游客中心如果能够展出壮观的雄性虎鲸骨骼标本，那么今后一定能吸引更多游客来了解鲸类的知识。

出于这个原因，我们愉快地让出了这次机会，因为在动物生活的地方展示它们的标本是最好的宣传。最终，其他成年虎鲸的骨骼标本分别由北海道内的博物馆、大学和其他研究机构保存，用于研究和展览；两头虎鲸宝宝的骨骼标本则由科博保存。

现在，那头成年雄性虎鲸的骨骼标本依然被保存在罗臼游客中心的展示会场内。大家在去知床半岛时，一定要记得去罗臼游客中心看看这头虎鲸的骨骼标本。

从冰封事件中走出来

在罗臼町所在的知床半岛，我们除了目睹壮丽的自然风光外，还深切感受到了大自然的残酷。

刚到这里时，让我们震惊的是刺骨的寒冷。随后，我们得知自己也许会露宿街头。

因为在寒冷的冬日，几乎没有人来罗臼町旅游，所以这里并没有在冬季营业的住宿设施，我们必须赶紧寻找住处。在气温普遍低于 0℃的冬天，露宿野外说不定会丢掉性命。

在求助当地人后，他们帮我们联系了很多地方。最后，一位摩托车旅馆的店主同意让我们入住。

不过，这家旅馆本来只在夏天营业，店内只有夏天用的寝具，防寒设施也不完备，因此店主告诉我们住在这里依旧会很冷。我们告诉店主："您能提供睡觉和吃饭的地方，我们就已经很感激了。"

虽然找到了住的地方，但是我们的喜悦之情稍纵即逝——2 月的北海道的寒冷程度远超我们的想象。不过，人类一旦进入“极限状态”，为了活下去，总会想出各种意想不到的方法。我们穿着用来进行搁浅调查的防寒工作服睡觉，总算度过了五个寒冷的夜晚。

可是在调查现场，严寒依然毫不留情地阻挠着我们行动。

相机的快门按不下去，保存样本的液体结冰，戴了无数层手套的手依然会冻得握不住解剖刀，脚尖也被冻得几乎失去了知觉。而且，我第一次知道寒冷会导致头痛。尽管如此，我们在还是想认真调查虎鲸的迫切心情的支撑下没有气馁，试图凭借强大的意志力克服困难。

在从旅馆到调查现场的路上，我看到一大群北海道鹿出没。在旅馆附近，有一头雄鹿长着电影《幽灵公主》中的山神才拥有的极其漂亮的大角，当我发现它时，它正悠然自得地横穿马路。而且，那时正值初春，我们还能看到从冬眠中醒来的棕熊和北海道赤狐。野生动物是这里的主人，人类如果被单独扔在如此残酷的环境中，一定会立刻倒下。

甚至，就连海洋中的“王者”虎鲸在大自然的威胁面前都支撑不了多久。虎鲸是我崇拜的动物，而我却无法改变它们被封在浮冰里一个接一个死亡的事实，在这种情况下进行解剖调查真的非常痛苦。

在那段时间里治愈我的身心的是旅馆里养的乌龟。那些乌龟大部分是陆龟，有大有小。我们去吃晚餐时，它们就会在旁边缓缓散步，或者嘴里塞满卷心菜叶子咀嚼，那副样子真的很治愈。而且旅馆老板为我们准备的晚餐每次都非常丰盛，泰国菜、印度菜、奶汁烤菜、猪排、咖喱等都在晚餐的餐桌上出现过。

在严寒中调查让我们耗尽了体力，乌龟和旅馆老板充满关爱的晚餐是我们最重要的心灵慰藉，让我们得以坚持异常残酷的工作。

我还想为大家讲述一段关于虎鲸的爱的小故事。

在调查期间，我向看到救援场面的人们问话，听说当渔船打碎浮冰在海面开出一条道路时，一部分成年虎鲸曾经从冰块的缝隙中逃脱。但不一会儿有几头虎鲸掉头回来，恐怕是因为听到了无法靠自己的力量逃脱的虎鲸幼崽的叫声，不忍抛下孩子。

没错，这就是虎鲸——虽然外表粗野，其实内心有着不为人知的温柔。正因为如此，当我在加拿大第一次看到野生虎鲸时，心才会瞬间被它们俘获。

科博的“传说”

从我在科博做外聘员工时起，就听说了科博中形形色色的人的工作。

比如，普通的来访者在科博里见到的大多是负责在展厅入口处接待及在展厅里解说的工作人员。不过，在展厅后面的研究室里，还有很多人在从事着各种各样的研究工作，他们的魅力丝毫不逊于展品。

在科博的员工里，我一直仰慕一位名叫渡边芳美的女士，并将她称为“传说”。渡边女士是科博动物研究部门的外聘人员，从大学毕业后就来到科博就职，在 40 多年的时间里支援过很多研究活动。她的工作内容横跨多个领域，研究技术在涉及的各个领域都非常高超。

标本化工作就是她负责的工作之一。博物馆的根基就是标本，那么标本都是哪儿来的呢？

在我工作的部门里，用于展示的剥制标本是委托专业人员制作的，而在过去，科博的员工要自己制作用于展示的标本。

然而，科博中能够根据研究和展示等各种目的制作相应标本的人越来越少，留下的人就成了所谓的“濒危物种”，渡边女士就是其中之一。

在无脊椎动物组，渡边女士负责节肢动物的整姿工作（如拉开蜜蜂和蝴蝶的翅膀与腿并将其平铺在板子上）；在脊椎动物组，她负责制作鸟类的骨骼标本和剥制标本。

标本力求还原动物在自然界生存时的姿态，在这方面渡边女士的技术简直是“神技”，由她制作的标本的精美程度让许多研究人员叹服。

我希望通过我的讲述能让更多的人认识像渡边女士这样的标本匠人。

第5章

海狮、海豹、海象是同类

渡边芳美

长毛的海洋哺乳动物

在海洋哺乳动物中，大家经常能见到鳍脚类动物，如海豹、海狗、海象等。

鳍脚类动物分为 3 科，分别是海豹科、海狮科和海象科。其中，在日本沿海栖息、洄游的海豹科有环海豹、港海豹、斑海豹、带纹海豹和髯海豹 5 种。海狮科有海狮和海狗 2 个亚科，日本的海狮科动物几乎都生活在北海道到日本东北地区的寒冷海域。

鳍脚类动物最大的外形特点是手指和脚趾之间长有“蹼”，因此它们的手和脚看起来就像鳍一样，这也是鳍脚类动物名称的由来。不过，鳍的内部与哺乳动物的手和脚的内部一样，存在肱骨和指骨等骨骼。

此外，鳍脚类动物和鲸类、儒艮等不同，它们身上长有毛发，这也是鳍脚类动物在外形上的一大特点。

为什么唯独鳍脚类动物身上长有毛发？

大家也许觉得这很神奇。

因为，海豹、海狗等鳍脚类动物过的是水陆两栖的生活，在繁殖期，重要的生产、育儿等活动都是在陆地上进行的。当它们在陆地上生活时，体毛发挥着不可或缺的作用——保持体温。鳍脚类动物每年都会换毛，这一点和同为哺乳动物的北极熊、海獭一样。

此外，鳍脚类动物的嘴巴周围生长着密集而柔软的毛发，这些毛发除了可以用来与同伴交流外，还是获取各种信息的工具，例如可以用来测量温度，判断周围物体的位置、尺寸和距离。

鳍脚类动物的育儿期基本都很短。其中，育儿期最短的是冠海豹，只有 4 天。在出生仅 4 天后就必须独立生活，这对冠海豹宝宝来说实在很残忍。

在电视节目和网络视频中，大家经常能看到海豹宝宝含着妈妈的乳头吃奶的画面，然而这种温馨的亲子时光转瞬即逝，这与它们的生活环境有关。

大多数鳍脚类动物生活在北极和南极，而极地地区基本上是一个没有气味的世界。在那里，如果初生的宝宝和体形庞大的母亲一起移动，不仅目标很大，它们身上散发的气味也会飘浮在周围的空气中。

北极熊、北极狐及猛禽如果发现了它们的身影或闻到了它们的气味，那么一定不会放弃这份“美食”。因此，对鳍脚类动物的宝宝来说，离开体形庞大的母亲并尽快成长，努力不被外敌发现是非常重要的。

不过大家无须过于担心，鳍脚类动物的成长速度比人类快多了，它们不需要靠父母养育 20 年左右。

关于鳍脚类动物的进化过程，过去曾有人提出双系统的观点，认为海豹科是从鼬科动物进化而来的，海狮科和海象科则是从熊科动物进化而来的。不过，如今免疫学、分子系统学和形态学领域的相关研究成果更支持单系统说，认为鳍脚类动物有共同的祖先，即在北美和日本距今 2700 万 ~ 2500 万年前的化石层中发现的达氏海幼兽。

雌性只会与最强壮的雄性交配

很多鳍脚类动物都执行一夫多妻制。研究者将集群中最强壮的雄性称为“Beachmaster[⑤]”，只有“Beachmaster”有资格与雌性交配。

或许有人会觉得雌性可怜，认为它们不能自己选择交配的雄性。然而，事实正好相反。在交配中，选择权完全属于雌性，雌性只希望和最强壮的雄性进行交配。

---

⑤ 通常群聚地在沙滩上，可直译为沙滩上的霸主。

因为这样生下的后代生存能力更强，自己的基因也更有可能传递给后代。由于雌性的单一选择，雄性会拼命战斗，最终胜利的那头雄性将成为“Beachmaster”，获得与雌性交配的资格。

因此，真正可怜的是战斗失败的雄性。雌性对“Beachmaster”之外的雄性不屑一顾，于是那些雄性只能缩在集群的角落里过完一生。战斗失败的雄性如果偷偷与雌性交配后被“Beachmaster”发现，就会受到“Beachmaster”的猛攻，轻则伤痕累累，重则失去性命。这就是野生动物的弱肉强食。

不过，“Beachmaster”并不能一直过着“坐拥三千佳丽”的快活日子。这是因为，其他雄性随时可能对它发起攻击，它必须时刻保持警惕。

在战斗中，体形较大的雄性有压倒性的优势，更有机会胜出。因此，几乎所有鳍脚类动物都是两性异形的。两性异形指同一物种的雄性与雌性在体形、体色等方面有明显的差异。

例如，部分海豹科和海狮科的雄性体形远大于雌性。我们就算从远处观察一个集群，也能轻易地分辨出“Beachmaster”，因为雄性的体形优势就是这么明显，它们甚至可能在交配时压死雌性。从繁殖的角度来说，这虽然有些本末倒置，但雌性就是会倾心于强壮的雄性。

此外，在鳍脚类动物中，哪怕是血缘相近的物种，生活在低纬度海域（温暖海域）中的个体的体形通常小于生活在高纬度海域（寒冷海域）中的个体的体形，这种规律叫作贝格曼律。

鳍脚类动物是恒温动物，它们为了保持体温，体内会生产热量。也就是说，它们必须随时调整产热量和散热量以确保体温稳定。产热量与体重成正比（体重越大，产热量越高），而散热量与体表面积成反比（体形越大，单位体重对应的体表面积越小，散热量越低）。

在温暖地区，恒温动物要想维持体温，必须充分散热，因此相同体重的恒温动物的单位体重对应的体表面积越大越好，于是体形小的恒温动物散热效率更高。在寒冷地区，恒温动物的身体也会自然散热，因此为了维持体温，则要缩小单位体重对应的体表面积，于是体形越大的个体越容易维持体温。贝格曼律原本是从生活在陆地上的熊身上总结出的规律，现在已经成为了一项广为人知的动物生存法则。

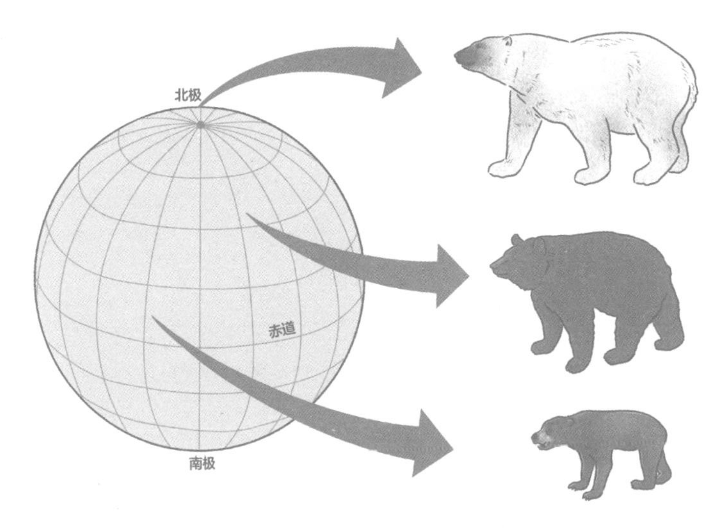

生活在寒冷地区的熊体形较大，生活在温暖地区的熊体形较小

在水族馆里表演的是海狮还是海豹

鳍脚类动物中，海狮科分为 7 属 14 种。在日本北海道与东北地方之间的海域中，海狮和海狗在栖息或洄游。有时，海狗会从太平洋沿岸南下到关东地区沿岸，或从日本海沿岸南下到山阴沿岸。

海狮科与海豹科动物的外形非常相似，很多人分不清二者的区别。

其实，最简单的区分方式是看它们的耳朵结构。海狮有耳郭，而海豹没有。也就是说，如果头部两侧长有可爱的耳朵（耳郭），那么它就是海狮科动物；如果头部两侧没有耳朵，那么它就是海豹科动物，生活在日本周围海域的一般是斑海豹或港海豹等。

海狮科动物拥有耳郭，因此在英语中又被叫作“Eared seal”（有耳朵的海豹）。此外，海狮科的英文学名“Otariidae”在希腊语中也有“小耳朵”的意思。

在雌性鳍脚类动物中，我们可以通过乳头的数量区分海狮科和海豹科动物。左右共有 2 对、4 个乳头的是海狮科动物，左右共有 1 对、2 个乳头的是海豹科动物。不过，鳍脚类动物基本上每次只会生下一个孩子，这与乳头的数量无关。

海狮科动物的另一个特点是鼻头比海豹科动物的更长。拿狗来打比方，海狮科动物有德国牧羊犬那样的长鼻头，而海豹科动物的鼻头则像巴哥犬的一样短。大家如果有机会在水族馆里同时看到海狮科和海豹科动物，请一定要将它们对比一下。

在水族馆里，最受欢迎的是海狮科动物。活跃在日本水族馆里的海狮科动物主要有加利福尼亚海狮、南美海狮和南美海狗。而海豹科动物的表演在全世界都几乎看不见，因为海狮科动物和海豹科动物脚的结构和功能区别很大。

举例来说，大家应该见过南美海狮坐在水池旁边的台子上，用前腿接住饲养员抛出的球或用嘴巴抛球的景象吧？这样的表演之所以能完成，是因为南美海狮能稳稳地坐在台子上。

不仅是南美海狮，海狮科动物都可以用前腿撑起上半身，同时后腿向前弯曲，完成所谓的“鸭子坐”。它们用这样的姿势坐在台子上，然后只靠后腿保持姿势，解放前腿用来接球。

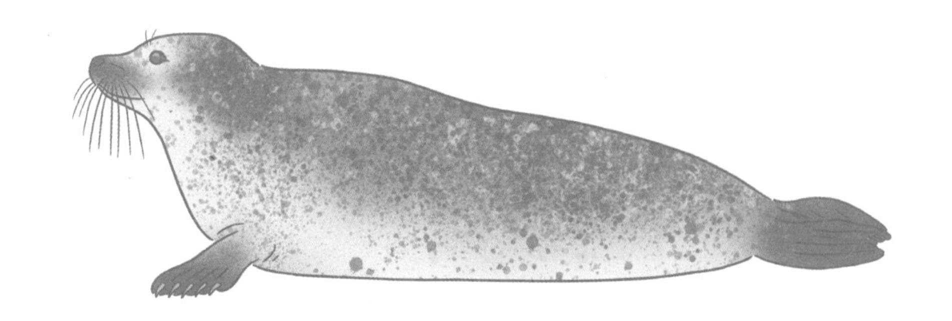

海豹的头部两侧没有耳朵（上），海狗的头部两侧有小小的耳朵（下）

当然，海狮科动物并不是为了在水族馆里完成表演而掌握这项技能的。在海洋哺乳动物中，海狮科动物在陆地上生活的时间相对较长，因此它们为了在陆地上也能相对顺畅地移动，就保留了在陆地上生活时拥有的前腿和后腿的部分功能，即在前腿撑起的同时用后腿“走路”。

顺便一提，在水中游泳时，海狮科动物会通过上下晃动前腿来前进，通过活动头部来改变游动方向。

不过，栖息在日本周围海域的海狮和海狗对渔夫来说却是麻烦的动物，因为它们会跟渔夫争夺食物——鱼。

人类与野生动物和谐共存的道路向来充满阻碍，不过我们作为研究者仍然在绞尽脑汁地带领大家走上这条路。例如，为了避免海狮和海狗靠近渔网，我们可以发出它们讨厌的声音或播放它们的天敌虎鲸的叫声，同时积极掌握各个地点的海狮科动物的数量。

海豹的睾丸藏在体内

现在，全世界共发现了 14 属 18 种海豹科动物，其数量远多于海狮科动物，占鳍脚类动物的大约 9 成。

海豹科动物和海狮科动物一样可以水陆两栖。与海狮科动物相比，海豹科动物物种数量和种群数量更多的原因在于它们更适应水中的生活，能进入更广阔的海域，因此种群更加繁荣。

上一节提到，海豹科动物没有耳郭，这并不意味着它们没有耳朵。海豹科动物有耳道，也有听觉，只是外部没有耳郭而已。

据说，这是海豹科动物为了在水中生活而完成的特殊进化。如果它们的身体上有突出的部位，游泳的阻力就会增加，从而导致游泳速度变慢，在水中不易于保持体温。

出于同样的原因，雄性海豹科动物的生殖腺——精巢（睾丸）不会自然下垂于体外，而是被收在腹腔内。鲸、海豚、儒艮和海牛同样如此。海狮科动物稍有不同，精巢不在腹腔内，而是在大腿的肌肉中。突出于体外的部位不但会在水中增加阻力，成为游泳的阻碍，而且不容易使身体保持平衡。因此，这是重新回到海洋中的哺乳动物的一大特点。

而且，由于几乎完全生活在水中，海豹科动物的后腿无法像海狮科动物的那样折叠在身体下方，而且它们也不擅长用前腿支撑起上半身，因此在陆地上只能像尺蠖那样通过蠕动身体来移动，不可能像海狮那样做出用前腿接球的表演。所以，大家在水族馆里几乎看不到海豹科动物的表演。

不过很久以前，我去荷兰的泰瑟尔岛出差时，曾在那里的一家水族馆里见过海豹表演。

说是表演，其实内容非常简单。海豹躺在地板上，只有头部朝向饲养员，每当饲养员发出信号，海豹就拼命地挥舞小小的前腿，此时观众可以看到它的手心做出“拜拜”的动作；它也会全身从右向左咕噜咕噜地滚动，这完全不需要有什么技巧。

尽管如此，看到海豹的表演，我还是瞬间被吸引了。不仅是我，其他观众也都笑着为海豹的“拜拜”动作喝彩。

在陆地上，海豹科动物的动作总是非常笨拙，可是它们一旦进入水中，就会如同脱胎换骨般异常灵敏。它们可以高速游泳，可以在游泳时将身体向左向右自由自在地转动，也可以仰泳并随心所欲地停下来。它们在水中游泳的优雅姿态我看几个小时都看不腻。在某个水族馆里，一头在水中站着睡觉的海豹大受欢迎，这条新闻我至今记忆犹新。

其实，海豹在海洋哺乳动物中属于潜水能力相对优秀的。加利福尼亚海狮能下潜约 300 米，而南象海豹的下潜纪录是 2000 米左右。不过，如果下潜后迅速上浮，海豹也有患上潜水病的危险。因此，有的海豹在深潜后会使自己呈螺旋式缓缓上浮，从而让身体习惯水压的变化。

有趣的是，人们发现过在水中一边螺旋式游泳一边睡觉的海豹。观察海豹科动物在水中的样子果然乐趣无穷。

上一节提到，在游泳时，海狮科动物会使用前腿前进，海豹科动物则会通过左右摆动后腿前进。海豹之所以又矮又胖，身体像个圆滚滚的大球，或许是因为想尽可能地减小水的阻力，从而极力减少突出于身体

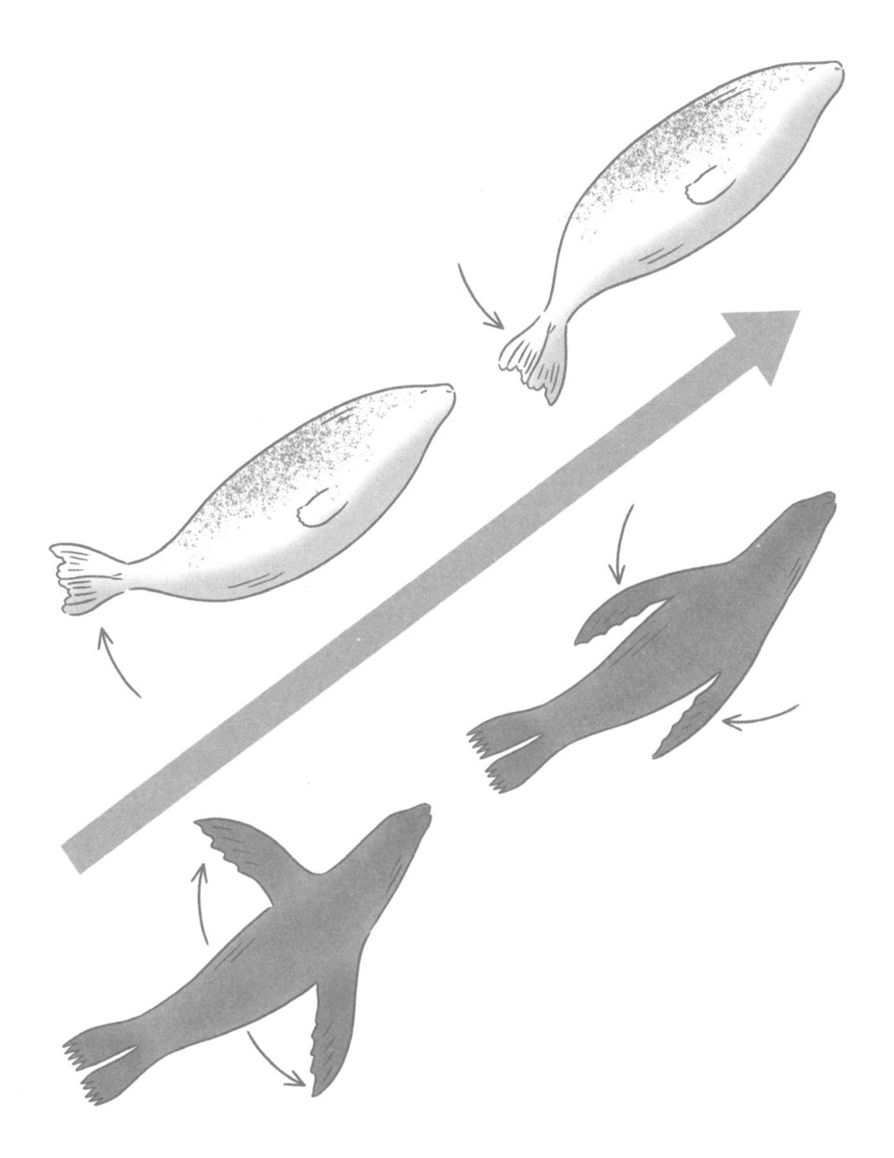

海豹通过左右摆动后腿游泳（上），海狗通过挥动前腿游泳（下）

的部位。

也许，有人会觉得比起圆滚滚的海豹，体形纤细的海狮在水中的阻力会更小。然而，这并不能一概而论。

海狮科动物确实体形纤细，但它胸鳍长，且胸鳍与身体之间存在一定的角度，因此它在水中挥动胸鳍时会产生乱流，从而造成阻力。擅长游泳的抹香鲸科动物和喙鲸科动物的胸鳍极小，因此得以尽可能地减小水的阻力，而且它们的身体是像潜水艇一样的纺锤形。海豹没有耳郭，特意将身体进化成了一个相对圆润的整体，这使它们可以像子弹一样快速前进。

海狮纤细的体形虽然能提高其游泳时的速度，但无法长时间为身体提供能量。反之，海豹拥有大量皮下脂肪，能随时产生用于游泳的能量，因此它们可以长时间留在水中。

曾有海豹由于迷路而从海洋游入河流的新闻，引发了热议。有的海豹进入河水后会因无法调节体内的盐分而立刻死亡，有的海豹却依然生龙活虎。现在，那些海豹存活的原因尚未找到，研究人员推测这可能是由于鳍脚类动物可以在陆地上生活，在短时间内，它们会比鲸类、儒艮等更适应淡水中的生活。

如果海豹能以河流中的鱼类为食，平常在河边休息，那么它们说不定也能适应淡水环境。事实上，俄罗斯的贝加尔湖（淡水湖）中就生活着贝加尔海豹。

全世界只剩下 1 种海象

有一种动物结合了海狮科动物和海豹科动物的特点，它就是海象。

海象没有耳郭，在游泳时用后腿向左右划水，和海豹科动物有同样的特点。并且，海象的后腿可以在弯曲后放在肚子下方，从而像海狮科动物那样在陆地上移动。可以说，海象结合了这两科动物的优点，拥有最适合水陆两栖的体型和生活方式。

可是，海象的现状却非常悲惨。约 5000 万年前，海象在北太平洋曾有一段最繁荣的时期，人类至今已经发现了 10 余种海象化石，然而如今世界上只剩下了 1 属 1 种海象。

据说，其原因之一在于海象的食物缺乏多样性。海狮科动物和海豹科动物以鱼类、头足类和甲壳类动物等为食，几乎是有什么就吃什么。而海象只吃底栖生物，即双壳贝和螺等软体动物，以及栖息在海底泥沙中的螃蟹、虾等甲壳类、鱼类。

大家也许发现：“嗯？我好像在哪里听过这些话？”

没错，须鲸中的灰鲸和海象一样对食物有较强的偏好，因此它们的境遇非常相似。

海洋中明明有大量可以作为食物的生物，为什么海象如此挑食呢?如果它们的食物种类更多，说不定我们现在就能见到更多物种的海象了。作为海象的粉丝，我对此深感遗憾。不过，海象不善于生存的一面也拨动了我的心弦。

虽然海象只吃种类有限的海底生物，但它的体长能达到 270 ~ 360 厘米，体重能达到 500 ~ 1200 千克。海象的体长和体重的范围之所以这么大，是因为雌性和雄性的体形差别很大。

海象也是两性异形，雄性远大于雌性，最大、最强壮的雄性会成为“Beachmaster”。

此外，在鳍脚类动物中，独属于海象的特点是长“牙”。海象的犬齿非常发达，据说它们甚至能咬穿北极熊的要害部位，而北极熊的牙齿却无法咬穿海象厚厚的脂肪层。

有趣的是，不仅是雄性海象，雌性海象也长着锋利的犬齿。

在大多数情况下，锋利的牙齿是雄性展示力量的标志。可是，如果雌性也长着锋利的牙齿，情况就会有所不同。关于海象牙齿的作用，研究人员提出了很多种说法。据说，海象的犬齿除了用于攻击敌人和雄性之间的战斗之外，还有寻找海底的食物、在登陆时作为支撑等各种用途。

海象中的“Beachmaster”和它的妻子们

其实，海象种群衰落的另一个原因正与它们的犬齿有关。以前，人类发现海象的犬齿和象牙拥有同样的价值，于是海象一度成为了被疯狂捕猎的对象。

不仅是牙，海象的肉可以食用，结实的皮肤还可以被做成强韧的绳索，可谓“浑身是宝”。于是，生活在大西洋斯瓦尔巴群岛和格陵兰岛周围的海象在大约3个半世纪的时间里，数量从2～3万头剧减到几百头。

不过，现在由于各国都制定了严格的保护措施，现存海象的物种和数量已经相对稳定，可是想让海象的数量回到剧减前并不容易。

臭气熏天的鳍脚类动物

我非常喜欢海象，特别是可爱的海象宝宝。圆滚滚的身体、无辜的眼神和呆萌的表情总让我忍不住想摸它。海豹宝宝也很可爱，不过还是比不过海象宝宝。

野生海象大多生活在北极圈以内，日本周围基本看不到。观察野生海象一直是我的一个梦想，可事实是，包括海象在内的鳍脚类动物的屎尿会散发出惊人的臭味。碍于这一点，我又不那么希望梦想实现了。

以前，我去美国圣迭戈参加会议时，曾经抽空坐船去过加利福尼亚海象真正的栖息地。

“在越过眼前的海角后，马上就能看到海象了。”

当船里响起广播时，我把身子探出船外四处张望，还不等看到海象的身影，一股浓烈的臭味突然随风飘来，我记得自己当时情不自禁地屏住了呼吸。随后，我看到了岛上和海面上聚集着一大群海象，它们在大自然中悠然自得地生活的样子让我深受感动，也让我暂时忘记了臭味。

超级可爱的海豹宝宝（上）和海象宝宝（下）

虽然我早已知道雄性海象的体形很大，但当我亲眼看到雄性海象和雌性海象在一起的对比时，还是深切感受到了雄性海象在体形上的压迫感。它们周围的气味也更加浓厚，这让我更想退缩。

尽管如此，我更担心如此浓烈的气味会使它们很容易被天敌发现。

在鳍脚类动物中，有的只在刚出生时会长着胎毛。动画片里的海豹和海豹玩偶的体色往往是白色的，其原型是全身覆盖着胎毛的海豹宝宝。有的海豹会在冰雪上育儿，据说海豹宝宝的体色会尽量接近周围的环境色（白色），从而保护它不被天敌——北极熊发现。

这一点我可以理解，在北极和南极等极寒之地生物种类极少，那里的动物也基本上没有味道。然而，海豹却臭气熏天，这简直是在告诉敌人“我们在这里”，北极熊不可能闻不到它们的气味。实际上，觅食的北极熊会频繁地把鼻子伸进积雪或浮冰的缝隙里嗅闻猎物的味道。

尽管如此，新生儿身上的胎毛伪装色多少能够帮助它们躲避一些北极熊的攻击，这是非常了不起的生存策略。当看到在冰上睡觉的天真可爱的海豹宝宝时，我忍不住地祈祷，希望它能平安长大。

不过，野生动物身处自然界的每一天都要经历残酷的生存战斗，不是捕食其他动物就是被其他动物捕食，尚且长着胎毛的宝宝们也不例外，它们在出生后很快就要投入生存战斗。

企鹅宝宝的生存作战

虽然企鹅是鸟类而非哺乳动物，但它们与哺乳动物有相似之处，因此我想在这里稍稍介绍一下企鹅。

目前，世界上共有 18 种企鹅，体形最大的是帝企鹅，其次是王企鹅。

很多人都在水族馆里见过企鹅。成年帝企鹅和成年王企鹅在外观上非常相似，除了体形大小的区别之外，外行人大多无法区分。它们的头部和前腿都是黑色的，胸部上方都是黄色的，腹部和前腿内侧都是白色的，耳朵周围也都是橙色的。不过，它们幼崽的外观却大有差异。

帝企鹅幼崽的体形很小，只有父母个头的 1/5 ~ 1/4。它们甚至能站在父母的脚上，并靠在父母的怀里安睡。它们的腹部是白色的，背部是灰色的，身体的整体颜色偏白。

王企鹅幼崽的身高和父母的相近，它们浑身包裹着一层厚厚的、蓬松的褐色羽毛，乍一看其体形比父母的还大。于是，有趣的一幕出现了：王企鹅幼崽摇摇晃晃地跟在父母身后，让体形比自己还小的父母喂食。

王企鹅一家（左）和帝企鹅一家（右）

为什么这两种企鹅的父母明明长得那么像，幼崽的差别却如此之大呢?

对帝企鹅而言，雄性帝企鹅也会参与孵卵和育儿的过程。因为父母总有一方能够保护幼崽，所以幼崽就算很弱小也能顺利长大。而且，帝企鹅选择在冰上育儿，于是幼崽的毛色逐渐与环境色趋于相同，成为了它的保护色。

相反，王企鹅幼崽的双亲会离开它前去觅食，在此期间，它需要独自等待父母归来，通常每隔两周才能吃到一次食物。因此，王企鹅幼崽一出生就和父母的体形一样大，自己也能独立生存下去。而且，王企鹅主要在岩地上育儿，所以幼崽的毛色是褐色。

不过，当一团巨大的“褐色绒毛”站在雪地里时，它的存在感实在很强，可以说是非常显眼。然而，这是王企鹅选择的生存方式，它们的父母会默默地保护自己的幼崽。

第一次给髯海豹剥皮

位于北海道东北部、面向鄂霍次克海的纹别市有一所鄂霍次克海豹园。在阿伊努语中，“tokkari”是“海豹”的意思。鄂霍次克海豹园会收留生病或受伤的野生海豹，并帮助它们逐渐恢复，达到可以放归野外的状态。这里既有海豹宝宝（幼体），也有成年海豹，它们都是由于不同的原因而被保护在此。

鄂霍次克海豹园允许普通人参观海豹，门票收入会成为运营资金。听说，有很多人在亲眼看到被保护在这里的野生动物后，会理解这里存在的意义和相关工作人员从事的活动，从而主动提供支持并捐款。

初春是保护海豹的重点季节，因为这是海豹的繁殖期。不过，需要进行保护的海豹的数量和被发现的时间是无法事先预测的，这和搁浅一样。

如果同时有 4 ~ 5 头海豹宝宝需要被看护，那么员工们就只能没日没夜地工作，在海豹园里连续住上几天是常有的事。

2015 年，我从前辈山田格老师手中接过了动物研究部研究员的工作时，那时我曾经接到过鄂霍次克海豹园的兽医发来的信息。

兽医说："我们这里有一头刚死亡的髯海豹，很可惜它没有活下来，请问博物馆能否充分利用它的尸体？"

"请一定要将它交给我们！"我欣然接受。

鳍脚类动物全身都覆盖着皮毛，因此可以被制作成两种标本——剥制标本和骨骼标本。当时，科博并没有髯海豹的真剥制标本，这次机会难得，于是我们急忙赶往当地。

那头死去的髯海豹已经成年，体格健壮，身上没有伤痕，尸体的外表非常完美。于是，我们立刻对它进行解剖调查，结果发现它的消化系统有溃疡和出血的现象。后来，我们了解到它在生前曾经有腹泻和便血的症状，血液检查结果显示它的白细胞含量偏高。综上所述，我们诊断这头髯海豹由于感染病菌导致消化系统功能下降而死亡。

在进行解剖调查之后，我们准备将它制作为真剥制标本。通常这项工作会请专业人员进行剥离皮毛的工作。

可是，这次的预算并不够请专业人员与我们一起来北海道出差，于是我们只能一边回忆操作流程，一边自己剥离皮毛。

就像我在第 1 章中介绍的那样，给动物剥皮时要尽可能地减少下刀的次数，做到像脱衣服一样温柔而慎重地剥离皮毛，并且注意应将动物的指甲和指尖处的骨头留在皮毛上。这样一来，真剥制标本上就会有真正的爪子，看起来会更加真实。

这里需要解释一下，只留下指甲有可能导致指甲脱落，因此我们通常会将最后一节指骨也留在皮毛上。此外，在剥皮时要尽量不留下皮下脂肪。在这期间，我们会和专业人员保持联系，根据他们的指示进行每一步的操作。

说实话，这项工作既费时又费力，特别是鳍脚类动物的手脚很短，我们如果用专用线缝合切口，接缝就会比陆地哺乳动物的更显眼，这样就没法制作出完美的标本。因此，鳍脚类动物身上的切口应该比陆地哺乳动物的更小。

不过，这说起来容易做起来难，对外行人来说更是难上加难。

有趣的是，当我们默默地为那头髯海豹剥离皮毛时，其他海豹都在一旁高声嚎叫，我不知道这是因为它们肚子饿了，还是对我们感兴趣。不过，一边感受着充满生命力的野生海豹的气息，一边进行解剖调查和剥离皮毛的工作，这实在是一种神奇的感觉。

不知道这些野生海豹能不能理解那头髯海豹的死亡。在切开内脏后，血腥味也飘到了它们身边，我想它们应该能从这股气味中明白发生了什么。

在大约 4 个小时后，我们终于完成了为髯海豹剥皮的工作，并顺利地踏上了归途。后来，受托制作真剥制标本的专业人员为了祝贺我正式成为科博的专职员工，制作价格还专门降低了一些。对我来说，那个标本在各种意义上都非常重要。

如今，那个髯海豹标本已经在各种各样的展览中被很多人看到过了。每当看到孩子们饶有兴趣地参观它时，我就深切地感觉到那时在寒冷的北海道花了半天时间剥皮的辛苦是有价值的。

海獭在陆地上几乎寸步难行

海獭与海豹等鳍脚类动物不属于同一亚目，不过它的人气在海洋哺乳动物中并不低于后者，甚至不低于鲸类，因此我想在本章的最后为大家介绍海獭。

海獭是食肉目鼬科的海洋哺乳动物，同样属于鼬科的水獭和鼬鼠也有住在水边的物种。

研究人员推测，鼬科中的一部分动物在进入大海后成为了海獭的祖先。野生海獭只分布在北半球的海洋中，如美国、加拿大、俄罗斯东部等地周围的海域，偶尔也会在北海道周围的海域中生活。

属于食肉目动物的海獭基本以富含动物蛋白的食物为主食，最喜欢的食物是蛤蜊等贝类，除此之外还有螃蟹、虾等甲壳类动物和海胆。这是因为海獭能直接嚼碎它们坚硬的外壳。

海獭虽然体形小巧，但食量很大，在水族馆最费钱的动物中排名非常靠前，它的餐费是一笔大数目。

尽管现在已经禁止买卖野生海獭，不过人们曾经以非常高的价格对野生海獭进行交易。据说，一头野生海獭的价格堪比一辆德国高级汽车的价格。

大家在水族馆里观察海獭时可能发现，和海豹一样，它们在水中和陆地上的状态完全不同。在长有毛发的海洋哺乳动物中，海獭是最依赖海水的动物，它们在陆地上几乎寸步难行，对海水的依赖超过了海豹。

毕竟，海獭几乎没办法在陆地上走路。如果大家有机会在水族馆里看到海獭在陆地上行动，请一定要仔细观察。

有一种裤子叫作哈伦裤，这种裤子的裤裆比普通裤子的低很多。人在穿上它之后，两腿之间就像出现了一层膜，而海獭的后腿就像穿上了哈伦裤，因为它的两腿和身体上全都覆盖着一层皮毛。

因此，海獭在陆地上不会用四肢行走，而会先用前腿着地，再以此为支点将整个身体向前拖动，这动作就像腿脚不便的人的动作一样。海獭在陆地上移动时比海豹更像尺蠖，移动速度非常缓慢。

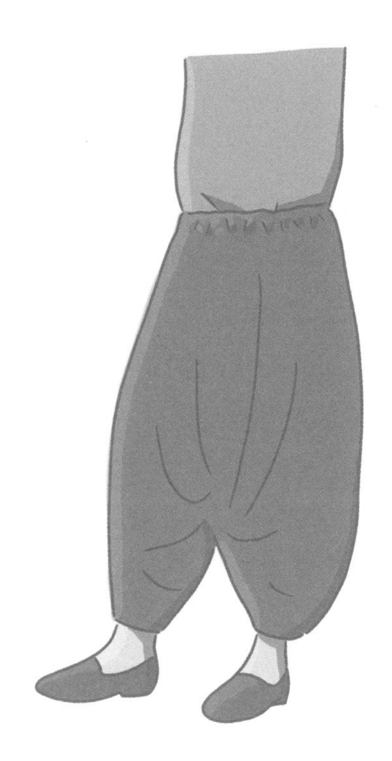

海獭的后腿就像穿着哈伦裤

顺便一提，海獭的前腿上长着和猫、狗略有不同的肉垫。在看到肉球时，大家或许觉得这是海獭为了在陆地上生活而长出来的，可其实它们的作用是抓捕食物。

一旦进入海中，海獭就能发挥自己的本领了。如果你认为它们会利用四肢像北极熊那样进行狗刨式游泳，或者像海豹那样通过左右摆动四肢进行游泳，那你就错了。

在游泳时，海獭下半身会向前摆动，从而使自己像海豚和鲸一样在水中前进。

前文提过，长有毛发的海洋哺乳动物在陆地上生活的时间大多相对较长，因此它们为了御寒，会像贵妇人一样披着“毛皮大衣”。然而，海獭的一生几乎都在海上度过。

那么，它们的身体在大海里会不会被冻僵？它们会不会因为毛发沾水后变重而溺水？

实际上，海獭已经充分适应了水下的生活。海獭身上的毛发浓密，呈双层结构，皮肤附近还长有一层像胎毛一样的短毛，这些短毛可以形成空气层来保持体温。

海獭的毛发在动物界中是密度最高的，一个人的全部头发如果变为海獭的毛发，只能铺满海獭一厘米见方的皮肤。

我刚才提到海獭的食量很大，这是因为海獭需要在水里持续产热以保持体温，并不只是因为它贪吃。

此外，海獭的身体外侧又长又硬的毛发起到了减少外界的冲击和刺激以保护身体的作用。而且，皮脂腺会往外分泌油脂，这层硬毛可谓既防水又强韧。

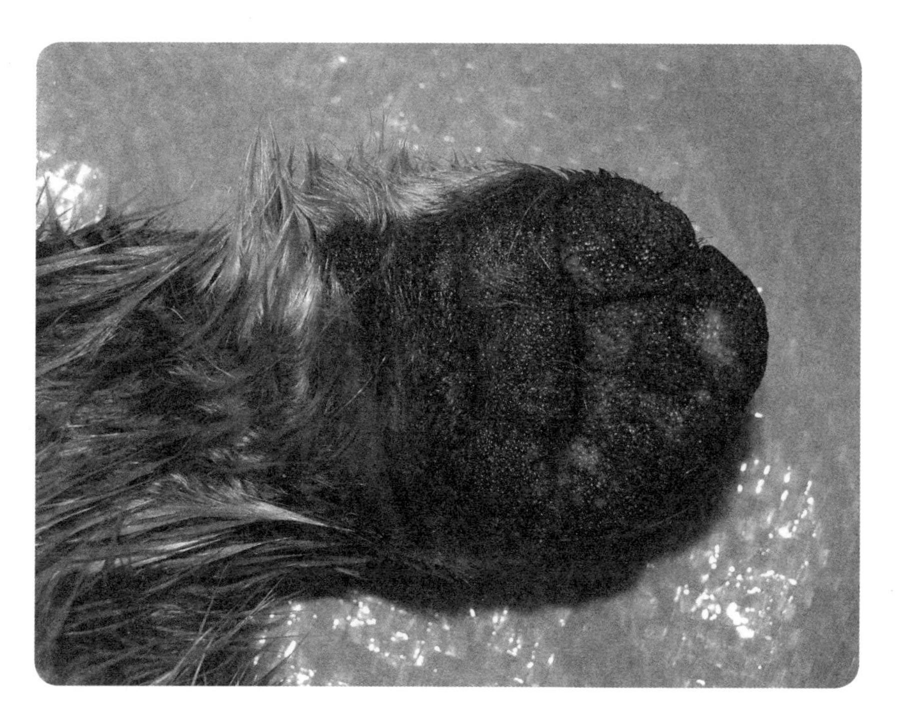

海獭的肉球

海獭总是会给自己梳毛。用舌头舔毛可以让它的毛发表面始终保持干净，也可以将油脂均匀地涂抹在毛发上的每个角落，使皮毛保持防水性和韧性。因此，海獭如果因身体不适而无法梳毛，就很容易溺水。

海獭的皮毛既保温又防水。以前，俄罗斯的探险家兼博物学家格奥尔格·威廉·斯特勒将 900 块海獭皮毛带入俄罗斯，海獭皮毛的优秀品质和高级质感瞬间广受好评。

美国的阿拉斯加州到加利福尼亚州是海獭重要的栖息地，也是北美著名的优质海獭皮毛产地，因此那里的海獭曾被大量捕猎。当时，海獭的皮毛被誉为“软黄金”，比俄罗斯的黑貂皮价格更高，在俄罗斯和欧洲多个国家畅销。

后来，人类对海獭的滥捕依然在继续，据说在 1820 年时，美国加利福尼亚州的海獭几乎灭绝。从择捉岛（俄称“伊图鲁普岛”）到温弥古丹岛的千岛群岛也曾盛行猎捕海獭，在 19 世纪末期，北太平洋的海獭数量剧减。

1911 年，日本、美国、俄罗斯和英国四国非常重视这个情况，联合出台了《国际海狗条约》（Fur Seal Treaty）。自此，从 1741 年到 1911 年持续了 170 年的世界性滥捕海獭活动终于结束。

此后，美国在这个条约的基础上公布了《海洋哺乳动物保护法案》（Marine Mammal Protection Act）和《濒危物种保护法案》（Endangered Species Act）。如今，曾经几近灭绝的海獭数量已经恢复到近 3000 头。不过，目前海獭的数量并不稳定，因此海獭依然被列为濒危动物。

之前，野生海獭在日本几乎绝迹，不过几年前北海道沿岸又出现了海獭的身影，其中还有带着幼崽的海獭。不过，我可不能说出发现海獭的地点，希望大家理解。

科博的大画家

在这里，我想再给大家讲一讲渡边女士的故事。我认为，她的优秀之处在于她可以在工作中为了掌握一门技术而不惜付出任何努力。她制作标本的技术自不必说，而与此同时，她的绘画能力也很优秀。

在高性能的拍摄机器和打印机还不像现在这么普及的时代，研究人员在写论文时通常需要自己绘制研究对象的图画。例如，著名画家达·芬奇和研究神经细胞的著名学者圣地亚哥·拉蒙·卡哈尔都会自己绘制研究对象的图画。达·芬奇的画如今依然被保存在英国王室的温莎城堡中。可是在研究人员中，同样有不擅长绘画的人或因忙碌而没有时间绘画的人。

于是，当时渡边女士为了帮助这些研究人员，会专门利用休息日去上绘画的课程，磨炼绘画技术。因此，渡边女士收到的绘画委托数不胜数。

不夸张地说，她的绘画技术绝对达到了专业水平，我一直将她称作“渡边大画家”。这个称呼也绝对没有夸张，大家只要去科博的商店看一下就知道了。在商店销售的科博原创周边产品里，名为“世界之鲸”的海报就是渡边女士的作品。

平时，渡边女士还会为研究人员的书籍和科博定期发行的刊物绘制插画。她比任何人都了解科博的相关工作，就算遇到难题，也能顺利地完成所有工作，不愧是科博的“传说”。

总而言之，虽然制作标本等手艺活儿需要研究人员拥有手巧、灵活等与生俱来的天赋，但渡边女士也让我感受到了认真和努力的重要性。

我从读研究生时就开始参与制作标本的工作，一开始甚至连标本的左右都分不清楚。在众多前辈的指导下，如今我总算是迈入了标本匠人的门槛。

我之所以会如此盛赞渡边女士，大概是因为我们都从心底里喜欢动物吧。在每次见面时，我们都会兴奋地聊起自己家里的动物。

例如，渡边女士平时会从路边捡各种各样的动物回家。除小猫、小狗之外，她还会把黑鸭和乌鸦捡回去暂时照顾。有一次，她来找我商量：“田岛，我捡到一只乌鸦，该怎么照顾它呢？”

我先是因为她捡到乌鸦而感到惊讶，随后又因为她信任我作为兽医的能力而感到开心，于是我开始四处打电话询问关于照顾乌鸦的方法。

“也许我可以问问做动物医院院长的同学该怎么办……对

了，乌鸦是鸟类，我也可以问问在山阶鸟类研究所工作的朋友。”

最后，我们终于知道了应该给乌鸦吃什么，以及如何给它做床。一段时间后，这只乌鸦健康地回到了野外。

此外，我们会聊起附近野猫的健康情况，会聊起她养的狗“武藏”和她曾经养过的猫，她也会向我倾吐烦心事。我也养着三只猫，并且极其溺爱它们，因此我非常能够理解渡边女士的心情。

在聊天的过程中，我们的关系不知不觉地变得越来越好，渡边女士有时会告诉我许多关于科博的事情。

我还在上学时，就开始来科博工作，最初不知道该怎么和研究人员、业务员这些严肃的“大人们”交流。当时，一直在我身边帮助我的就是渡边女士。

例如，制作标本的方法就是她传授给我的。从标本标签的制作方法，到用墨汁给骨骼标本登记编号的小窍门都是她教给我的。

“墨汁耐油，不会损伤标本，而且价格便宜，因此它在市场货里是最好的选择！”是的，她连这些细节都会逐一教给我。

而且，她不仅会言传，还会身教。除工作方法之外，她还会告诉我应该学习什么知识、掌握什么信息，以及为人处世的方式等。

渡边女士教给我的东西应该是一代代科博人始终在传承的东西吧，因此将它们传授给后辈也是我的使命之一。今后，我会继续向渡边女士请教，继续和她开心地讨论猫咪。

第6章

海牛和儒艮是纯粹的「素食主义者」

我对“人鱼传说”有异议

提到海牛和儒艮，一定有人会问：“它们是人鱼的原型吗？”

这种说法广为流传，因为海牛和儒艮都是海牛类动物，乳头位于左右两侧腋下，它们在抱着孩子喂奶时乍一看很像人类。

可是，当看到海牛类动物的真实样貌后，大家就会发现它们与迪士尼电影中的人鱼相去甚远。

在学术界，海牛类动物被称为海牛目，拉丁语拼为“Sirenia”，这个词源自希腊神话中的女妖塞壬（Siren）。塞壬上半身是人类女性的样子，下半身是鸟或鱼的样子，她会凭借妖艳的身姿和优美的歌声诱惑船员，让他们跳进大海。

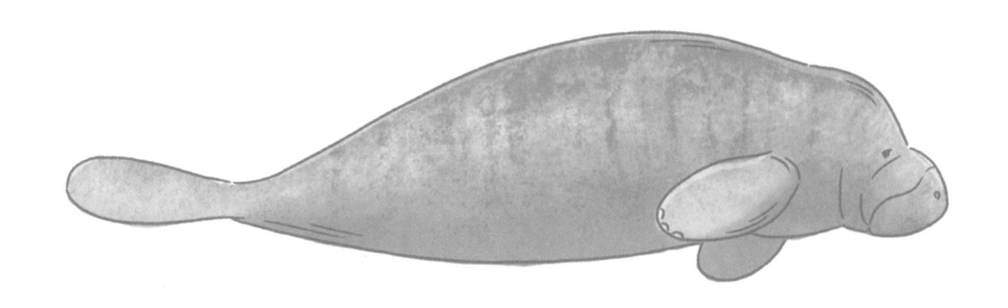

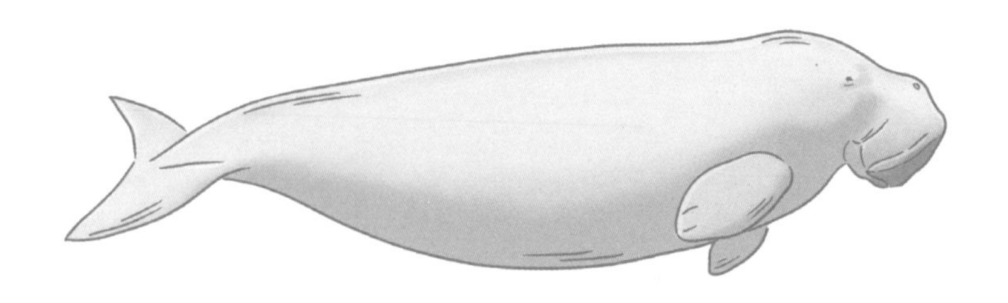

海牛（上）和儒艮（下）

尽管人们在形容塞壬时会用上“妖艳的身姿”这种描述，可是要问海牛和儒艮是否像塞壬一样妖艳的话，我持保留意见。

海洋哺乳动物与鱼类、两栖爬行类动物不同，它们的皮肤光滑，摸上去温热而有弹性。如果有人在大海中溺水，碰巧海牛或儒艮把他（她）推回了陆地，那么这个人在苏醒后或许就觉得是人鱼救了自己。

海牛类动物在游泳时总是悠然自得，从某种角度来说也可以被称为优雅。

虽然它们的行为和姿态勉强与人鱼相关，但说实话，离“妖艳的人鱼”还差得远。

不过，大概因为海牛和儒艮都是食草动物，所以它们性格温和。哪怕它们看起来并不像人鱼，我依然很喜欢它们友好的个性和文静的长相。特别是在疲惫的时候，只要看看它们吃海草的样子，就会被治愈。和海豚天真的笑容不同，它们的表情会让我感觉非常温暖，仿佛在关心我是否安好，是否太过拼命。

因此，我总是尤为担心海牛和儒艮的现状。

如今，世界上仅剩下 4 种海牛类动物——海牛科的西非海牛、西印度海牛、亚马孙海牛和儒艮科的儒艮。

与鲸类、鳍脚类动物相比，海牛类动物的种类非常少，其原因与它们的食物密切相关。

儒艮和海牛的主食太稀少

在海洋哺乳动物中，海牛类动物是唯一的“素食主义者”，它们的主食是海草。听到海草的读音，大部分日本人应该会想到“海藻[⑥]”。我们常吃的裙带菜和海带是海藻中的代表植物，海藻通过孢子而非种子进行繁殖。

不过，海草是种子植物，需要比海藻吸收更多的阳光才能生长。在海洋中，阳光最深能照至 200 米，当水的清澈程度变低或者季节变化时，光照距离有可能更短。

而海洋的深度普遍在 3000 ~ 6000 米，最深的马里亚纳海沟可达约 11000 米。如果将珠穆朗玛峰平移过去，它能将珠穆朗玛峰完全淹没。光能抵达的深度仅占马里亚纳海沟深度的百分之一。

---

⑥ 在日语中，“海草”与“海藻”发音相同。

海牛类动物选择生长在如此狭窄的范围内的海草为主食，可谓是自己限制了自己的栖息范围。由于它们的食物缺乏多样性，导致其无法进行大规模繁殖。

儒艮的食物——喜盐草

实际上，很久以前有 10 余种海牛类动物（曾经繁荣过，人们发掘出了它们的化石种），然而它们在进化的过程中一路衰落。

在日本，多种化石中的海牛都是以发现地命名的，比如沼田海牛、泷川海牛、富山海牛等。其中，泷川海牛全身的骨骼几乎都是在距今500万年前的地层中被发现的。

泷川海牛属于儒艮科，栖息于彼时还是一片大海的北海道泷川市，体长8米，没有牙齿，以海草和柔软的海藻为食。研究人员在发现泷川海牛化石的地层中还发现了生活在冰冷海域的贝类，可见当时这里有寒流流过。如今，世界各地的研究人员依然在对海牛化石进行各种各样的研究。

现存的西非海牛、西印度海牛、亚马孙海牛和儒艮都栖息于全年阳光充足的热带至亚热带地区的浅海中，它们会组成松散的群体一起生活，每个群体由几头到十几头同伴组成。

日本国内唯一一个饲养着儒艮的水族馆是三重县的鸟羽水族馆，这里面有一头名叫塞丽娜的雌性儒艮，它总是一脸满足地吃着海草。

它总是让我想起上学时在牧场实习的经历。那时，我住在北海道的奶农家里，每当我在早晨抱着牧草走进牧场时，生活在里面的牛就会急急忙忙地向我冲过来。它们在吃牧草时的样子看起来非常享受，于是我一边在心里疑惑“牧草真的这么好吃吗？”，一边试着尝了尝牧草。结果自不必说，我作为人类只觉得牧草又干又硬，没有味道，并不好吃。

不过，当看到塞丽娜吃海草的样子时，我对草的味道的好奇再次浮上心头，很想尝一尝塞丽娜最喜欢的喜盐草是什么味道。

海牛和儒艮能在水中自由浮沉的秘诀

儒艮和海牛通常会被混淆。不过只要仔细对比就会发现，它们有很大的不同。

例如，儒艮以长在浅海海底的海草为食，因此嘴巴是朝下的，摄食的时候像个吸尘器在工作，而海牛吃的可以是海底长的、水体和表面中漂着的植物，它们的嘴巴不像儒艮的嘴巴那样像个箱体，而是更圆钝一些。

此外，二者的尾鳍有明显的差异。

儒艮和海豚一样拥有三角形的尾鳍，能够像海豚那样追在船只旁游泳，而海牛的尾鳍像一把大勺子，一拍尾鳍就能迅速提高游泳速度。

而且，雄性儒艮长有锋利的牙齿（上颌的长门牙特化成突出的犬齿），大家凭借这颗牙齿就能迅速分辨儒艮的性别。

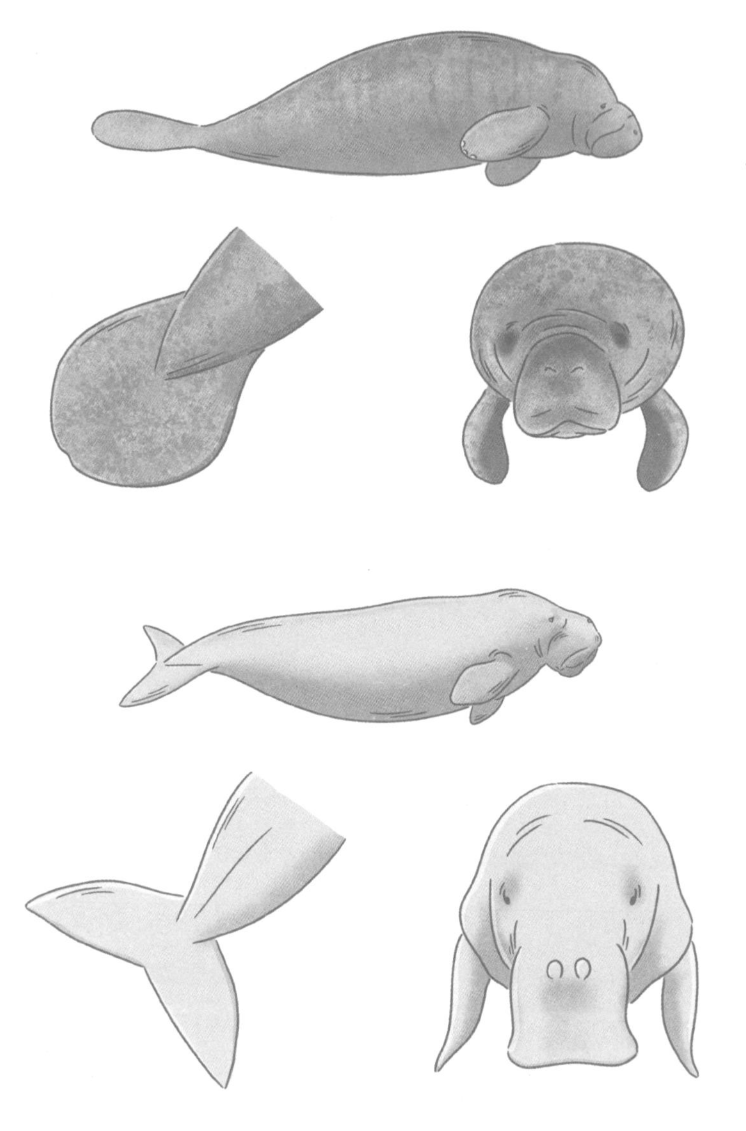

海牛拥有较短的嘴巴和像勺子一样的尾鳍（上），儒艮拥有朝下的嘴巴和三角形的尾鳍（下）

不过，儒艮和海牛也拥有很多共同点。

它们的体长都为 3 米左右，体重都为 250 ~ 900 千克。因为它们以草为食，所以它们都有盲肠，且肠道相对较长，消化食物所用的时间也比陆地上的食草动物更长。

有趣的是，它们为了尽可能地避免消耗体内的能量，在水里的姿势是海洋哺乳动物中最慵懒的。

它们的肺模仿鱼鳔平铺在背部，因此就算不刻意控制姿势也能自然而然地在水中漂浮。同时，它们的骨骼非常重，想下潜时只需从肺部排出少量空气就行。

所有生物的骨骼都是由致密骨与海绵骨组成的。致密骨是骨骼外侧坚硬的部分，其内部由小孔和网状结构组成的部分叫作海绵质。生活在水中的动物的海绵质通常比例更大，里面储存的脂肪可以使它们的身体更容易在水中浮起，这一点在鲸和海豚的身上体现得格外明显。不过，海牛类动物会通过增加致密骨来增重，从而使自己更容易下沉。

请大家想象一下自己在游泳池里游泳的场景。包括人类在内，比起浮在水中，哺乳动物沉下水底反而更加困难。这是因为，哺乳动物的肺部储存了大量的空气，体内也储存着比水更轻的皮下脂肪，这使得哺乳动物需要依靠负重来潜水。

于是，海牛类动物进化出了更重的骨骼，通过调节肺部的空气让下潜更方便。乍一看，大家或许觉得这种方法有些笨拙，可其实这是一种独特而巧妙的用来适应水中生活的方法。

从肺中排出空气的方式

儒艮生活在赤道两侧的太平洋海域、印度洋、红海、非洲东部沿海及日本冲绳沿海附近。

现在的三种海牛的栖息地正如它们的名字所示，西非海牛生活在非洲西部；西印度海牛（也叫加勒比海牛、北美海牛）分为两种，一种是生活在美国佛罗里达州附近的佛罗里达海牛，一种是生活在巴哈马到巴西的沿海及河流地区的安的列斯群岛海牛。亚马孙海牛是亚马孙河中的特有物种，它们的栖息地横跨巴西、哥伦比亚、厄瓜多尔和秘鲁。

在冲绳，儒艮分布于其最北部的海域中。可是，近年来随着海草的减少和渔业的发展，那里的儒艮数量剧减，即将坠入灭绝的深渊。虽然泰国、菲律宾和澳大利亚北侧的海域中栖息着数量稳定的儒艮，但是沿海地区很容易受到人类活动的影响，因此儒艮总是面临着灭绝的危机，海牛同样如此。

海牛和儒艮的起源

虽然本节的主题与我的专业有些距离，但我还是想讲一讲海牛类动物的起源。

海牛类动物属于起源于非洲大陆的非洲兽总目，非洲兽总目中有土豚、蹄兔和非洲象等。

由于它们的外表完全不同，研究人员最近才发现这些动物属于同一进化系统。随着分子系统学（利用 DNA 等遗传信息分析系统的领域）的发展，近年来生物进化系统的谜题正被逐渐解开。

非洲兽总目中的动物现在基本上依然只生活在非洲。从新生代的初期到中期（大约 6500 万年前～ 2500 万年前），非洲大陆被大海包围，不与其他大陆相连，因此没有动物从其他大陆侵入。于是，趋同进化的结果是各个系统的动物都拥有了非洲兽总目的特点。

还有一种观点认为，非洲大陆自一亿五千万年前从美洲大陆分离出来之后，非洲兽总目中的动物就与其他系统的动物出现了进化分离。如今，学术界依然在进行各种讨论。

无论如何，现在人们普遍认为非洲大陆在繁盛时期大约生活着 1200 种动物。可是，现在非洲大陆上只剩下约 75 种动物，大部分动物都已灭绝。

这样的起源让儒艮和海牛在海洋哺乳动物中拥有着与众不同的特点。

它们的骨骼极重，肋骨数量多。中喙鲸和抹香鲸拥有 9 ～ 11 对肋骨，而海牛类动物平均拥有 19 对肋骨。西非海牛和西印度海牛的前肢长有爪子，雄性儒艮才有牙齿，且换牙方式（从后向前换牙，换牙次数固定）与大象的相同。

这些都是其他海洋哺乳动物身上没有的特点。

通过将它们与其他非洲兽总目中的动物及其他哺乳动物进行比较，生物学家们正在积极探索这两种特殊海洋哺乳动物的秘密。

在佛罗里达州第一次解剖海牛

在 20 多年前，我去了位于美国佛罗里达州的海洋哺乳动物病理生物学研究所（Marine Mammal Pathobiology Lab）。

这个研究所以研究在附近沿岸搁浅的海洋哺乳动物而出名，尤其对西印度海牛的调查和研究最为深入。

我去那里的目的是帮忙查明搁浅动物的死因，同时学习有关搁浅调查的知识。因此，我参与了对搁浅动物的实际调查，学习了解剖海牛的手法和技巧。

同时，这家研究所与日本研究所的差异也让我十分惊讶。美国制定的《海洋哺乳动物保护法案》由总统直接下达，全国推进对海洋哺乳动物的调查、研究和保护工作，海军和陆军也有义务协助与海洋哺乳动物有关的活动与工作。

因此，美国所有与海洋哺乳动物有关的学术机构都资金充足，设备与人力也非常完备。基于此，研究者就能从容且全身心地投入自己的工作。在这里，我每一天的生活都很充实。

当时，这个研究所的调查小组组长隆美尔（昵称小布先生）很照顾我。其实，拜访小布先生也是我选择来到这个研究所的一大原因。

小布先生是利用 CT 拍摄的 3D 图像从解剖学和形态学的角度研究海牛的第一人。

通常，每周都会有十几头海牛的尸体被运来这个研究所。在我到访的那一周里，挂在墙上的白板上总共记录了超过 15 头海牛的死亡信息。

那天早晨，当我来到解剖室时，已经有 4 ~ 5 头海牛的尸体躺在里面。那是我第一次解剖海牛类动物。横在背部的肺，证明海牛是食草动物的盲肠，嘴边密集且手感很好的毛发……我亲眼观察、亲自抚摸着海牛，一一确认了此前在教科书和论文中了解到的信息。

运来这个研究所的搁浅动物都会被解剖调查。这里的研究人员要给美国各种学术机构送去用于研究的样本，所以他们要根据用途准备各种各样的样本瓶，并及时采集新鲜的样本。他们在工作时的动作干净利落，我直到现在还记得当时被他们的专业性而感动的心情。

著名景点背后的悲剧

其实，在佛罗里达州度过的几周里并非只留下了美好的回忆，我几乎每天都会深切地感受到，野生动物与人类和谐共处是一件多么困难的事情。

佛罗里达州不仅栖息着海洋哺乳动物，还有许多其他野生动物，如佛罗里达黑熊、佛罗里达豹、鹈鹕和鳄鱼等。同时，那里还有不少世界著名的旅游景点，每年都有众多游客从世界各地来此度假。在旅游项目中，最受欢迎的是海上项目。坐帆船、坐游艇、开摩托艇、玩帆伞、钓鱼、潜水等海上项目应有尽有，简直是喜欢大海的人的天堂。

可是，人类享受海上运动的沿海区域同样是海牛的栖息地。小布先生的研究所之所以每周都要接收超过 10 头海牛的尸体，与人类活动不无关系。

实际上，小布先生建立研究所就是为了调查清楚这些海上项目对海牛等海洋哺乳动物会产生多大的影响。

美国政府在一定程度上知道这个情况的存在，可是旅游业带来的收益是巨大的，而且这里还是富人的别墅区，政府限制海上项目的开展在某种意义上相当于勒住自己的脖子。

尽管如此，政府还是设立了研究所来调查实际情况。

在很多情况下，保护野生动物与发展经济难以同时实现，就连对海洋哺乳动物的保护和研究处于全世界领先地位的美国也是如此。

在游客人数较多的周末过后，海牛尸体的数量就会增加。我负责解剖的海牛尸体背后有 4 ~ 5 道由船只的螺旋桨造成的平行伤。

海牛不擅长快速行动，因此当游艇和帆船接近时，它们无法及时避开，就会相撞。海牛如果被螺旋桨划伤后背，很可能因大出血而死，猛烈的撞击也会导致海牛死亡。如果肺部受伤，海牛会因急性呼吸功能障碍而死。这些人为因素占据了海牛死亡原因的前几位，实在令人惋惜。

此外，海牛就算没有当场死亡，被人类救助之后也不一定能平安地回到大海。

曾经，有动物园收容了一只被螺旋桨伤到后背却活下来的海牛，我还亲自去过那个动物园。那头海牛出现了气胸（肺部的空气进入胸腔）的症状，胸部大幅膨胀，导致它无法下沉，只能漂在水面上。

由于养海牛的水池位于室外，它露出水面的皮肤被阳光直射，发生了溃烂，人们只能给它的背部涂满防晒霜。那个动物园的员工说，照这样下去，海牛得救的概率相当低。因此，就算受伤的海牛被送到动物园，也很难康复。

当我们人类享受快乐时，海牛等众多野生动物却在不断死亡。

小布先生和其他工作人员每天都在解剖调查由于人为因素而死亡的动物，他们心里是怎么想的呢？我着实没办法直接将这个问题问出口。不过，他们一定每天都在努力尝试摸索出一条人类与野生动物共存的道路。当然，我们这些日本研究人员同样如此。

就在我被这些负面情绪所困扰的某天傍晚，小布先生邀请大家去研究所附近的海岸上看了一场美丽的落日。

在同行的人中，有一位研究所里刚结婚不久的男性员工，小布先生笑着问他："新婚生活怎么样？"他小声地回答："mellow（甜甜蜜蜜）。"他那张幸福的侧脸和大家带着祝福的笑声令我至今难以忘怀。在那个瞬间，我窥见了这些总是认真地投入调查的人们私下生动的一面，这让我得以稍微转换一下心情。

小布先生就像《北斗神拳》里的主人公一样体格强健，大家完全看不出他已经 60 多岁了。

他经常请我去家里做客，不仅亲自做晚饭招待我，还会让我留宿在他的家里。其他一起共事的研究人员也会这么做，但我在日本几乎没有这样的经历。因此，刚开始我非常不知所措，既不知道该带什么礼物，也不知道若要留宿是否需要自带浴巾，而且会担心能否睡好。不过，在接受过几次邀请盛情难却之后，我很快就习惯了这种邀请，现在已经能够像去乡下的奶奶家一样，去各地研究人员的家里拜访了。

前往普吉岛调查儒艮标本

和美国的佛罗里达州一样，世界著名的度假胜地有很多都是海洋哺乳动物重要的栖息地，因此那些地方都设有研究机构，泰国同样如此。普吉岛周围的海域中生活着儒艮，因此普吉岛上设有相当于日本水产厅分部的研究机构——普吉岛海洋生物研究所（Phuket Marine Biological Center，后文简称 PMBC）。我曾经受日本环境省的委托，前往 PMBC 对儒艮的 DNA 进行解析，并进行儒艮的形态学研究。

栖息在普吉岛周围和泰国沿海的儒艮在数量上比栖息在日本的儒艮更加稳定。然而，普吉岛与佛罗里达州一样，经常发生儒艮死亡的事故，因此泰国出台了相关的保护政策。

在出发之前，朋友们都羡慕我要去普吉岛度假，我回答说："不不不，我只是去工作的，没有时间享受那里的风景和美食，你们可不要期待我给你们带礼物。”

不过在到达之后，我就明白了这里为何会成为世界著名的度假胜地。刚到机场，就看见很多脖子上挂着扶桑花花环的漂亮姑娘，我的心情一下子就快活了许多。

当时，我们住的酒店是“007”系列电影的取景地，这里因为詹姆斯·邦德而被人们所熟悉。如此一来，我更感觉自己像是来度假的。

“天哪，著名的罗杰·摩尔⑦曾经来过这里吗？”我在心中浮想联翩，喜上眉梢。

不过，第二天当我正式投入工作后，度假的心情立刻烟消云散。

在PMBC里，有一位名叫甘嘉娜的女性研究人员。她是泰国顶级的研究员，也是PMBC的所长。研究对象是栖息在泰国沿海的海洋哺乳动物，尤其是儒艮，并且她还致力于保护野生动物。

由于PMBC的研究资料和仪器并不完善，这里的研究人员通常会与日本京都大学的研究小组合作，研究内容包括儒艮的数量、行为和声音等。甘嘉娜在冲绳县的琉球大学取得了博士学位，能说简单的日语，因此交流起来更顺利。

PMBC不仅研究活着的动物，也会对儒艮等哺乳动物和海龟的尸体进行解剖调查。其中，儒艮的骨骼会被做成标本保存，我一到研究所就

⑦ 罗杰·摩尔：英国演员，曾演过“007”系列电影。

PMBC 的成员和笔者（左数第二名。站在中间的是甘嘉娜女士）

开始着手拍摄标本头骨和肋骨的照片，测量骨骼的尺寸和计算数量等工作。为了探明泰国的儒艮和日本的有没有区别，我还会专门观察标本的细节并拍照记录。

此外，我会帮忙整理除儒艮之外的标本。这并非 PMBC 提出的委托。纯粹是因为我发现某些标本状态不佳，甚至有不少标本暴露在外，作为博物馆人无法置之不理。于是，我按照日本研究组的方法，先根据标本确定生物的种类，再对那些标本进行妥善的保存。

在此过程中，不仅 PMBC 的研究人员都感到很开心，我也有了很多新的发现，总是不断地发出“原来还有这样的标本啊”“泰国竟然有这种动物啊”的感叹。世界各地的研究人员能朝着推进海洋哺乳动物研究这一共同目标而一起奋斗，这是最令人开心的事情。

“儒艮卫士”甘嘉娜女士的故事

甘嘉娜女士的厉害之处在于她不仅冲在研究的最前线，还会向大众普及保护儒艮的重要性。

她曾设计过有儒艮元素的周边产品，如 T 恤、马克杯、棒球帽、托特包等，还通过绘本、社交媒体和演讲不断地向人们介绍儒艮的现状，并倡导人们保护儒艮。

在亚洲的部分地区，人类对海牛类动物的盗猎依然存在，因为它们被有些人当作珍贵的食材。甘嘉娜女士会以这部分人群为对象，进行各种宣讲，致力于让他们理解海牛类动物的珍贵，从而放弃食用。

或许因为泰国是佛教国家，人们大多对动物非常温柔、宽容。在泰国，人类和动物都把对方当作自己的伙伴，各界人士会积极地推进海洋哺乳动物的调查和研究工作，我们有很多需要向他们学习的地方。

为了录下儒艮的声音和行动，研究人员在海底安装了定点对焦相机和水听器（也称为水下麦克风）。这样一来，就能了解到儒艮在什么地方进食、休息和育儿等各种各样的信息。

尤其还能确定某些需要关注的群体的状况，便于开展保护工作。儒艮是夜行性动物这一信息就是通过这种简单的调查方式发现的。

甘嘉娜女士的团队不仅研究儒艮，还长年研究生活在孟加拉湾中的小布氏鲸。那里的小布氏鲸会张开嘴巴浮出水面，等着鱼类自投罗网，这真是一种悠闲的捕食方式。有趣的是，这件事还曾在社交网络上引发热议，我想应该有不少人都有所耳闻。

我曾经在某次调查鲸类时受到了甘嘉娜女士的关照。为了以在日本搁浅的新物种大村鲸为题写论文，我专门前往泰国，花了两周的时间去调查零散分布于泰国、与大村鲸的品种相似的须鲸的骨骼标本。

我们乘坐 8 人座的带篷卡车在泰国辗转，在两周的时间里一起吃饭，一起睡觉。尽管这不是电视节目里流行的“爱情巴士”，不过在这两周里，我们建立了深厚的友谊，最后在机场告别时都泪流满面。

那次，我们共计调查了 53 头须鲸的骨骼标本，第 3 章中介绍过的人体骨骼测量仪在调查时帮了大忙。

甘嘉娜女士非常体贴，每当我们在狭窄的带篷卡车里感到憋闷时，她就会让卡车暂时停下，并买来泰国的水果和点心让我们补充能量；当路过泰国著名的寺院和佛阁时，她还会像导游一样向我们进行详细的介绍。时至今日，我也难以忘记她的幽默和笑容。

不幸的是，甘嘉娜女士在10年前因癌症去世了。在她住院时，我们这些曾经受她照顾的科博员工趁着参加新加坡学会的机会，前去探望正在与疾病战斗的她。尽管她当时在服用抗癌药物，不过笑容依然像过去一样充满活力，这让我们稍微放心了一些。

可是，当地的医务人员说，甘嘉娜女士的身体状况并不乐观，她完全是强打精神。然而，我们从她的笑容中完全看不出来她的虚弱，现在想来，她应该是不愿让大家为她担心吧。

目前，甘嘉娜女士的社交账号依然被保留在网络中，上面还登载着儒艮的插画。我想，她现在应该和儒艮一起在海洋中自由地遨游吧。

在泰国，众多研究人员都继承了她的遗志，现在依然在推进儒艮和小布氏鲸的调查研究。

“田岛女士，有一头儒艮在冲绳县搁浅了……”

日本的琉球群岛周围栖息着少量的野生儒艮。那里是已发现的儒艮栖息地的最北端，不过由于受到了美军基地和机场的影响，儒艮的食物数量和栖息地范围剧减，导致其正面临灭绝的危机。

为了保护儒艮，相关团体经常与政府进行交涉。

几年前的某一天，日本环境省的工作人员突然给我打来电话，说道：

“有人在冲绳县发现了一具成年雌性儒艮的尸体，该尸体将由我们和冲绳美丽海水族馆负责解剖调查，探寻其死因，希望你们能对此提供帮助。”

我从他的话中听出了问题。首先，解剖调查的结果不仅与生物学的内容有关，还与我前面提到的政治问题有关，我们需要提前做好应对麻烦的心理准备。

其次，不是每次解剖调查都能确定生物的死因，就算是由专家队伍负责，恐怕也会无疾而终。于是，我暂且不正面回答他，而是反问现在的具体情况。

那位工作人员回答如下。

在冲绳县，包括日本环境省在内的研究团队在附近海域中设置了水听器来记录儒艮的声音。搁浅事件发生之前，水听器连续多天在夜间录下了儒艮频繁发出的叫声，它们平时很少发出这种叫声。不久后，就有人发现了一具儒艮的尸体，恐怕就是之前频繁在夜间发出叫声的那一头。研究人员推测这头儒艮在生前遇到了什么事情，那件事情导致了它的死亡。

这头儒艮的尸体已经被搬到了当地的水族馆，解剖调查队伍也已经集合完毕，我需要做的就是针对调查提出一些建议，例如应该观察什么部位、采集什么样本、追加什么检查（如细菌检查、血液检查、环境污染物解析）等。

听完，我在心里嘟囔："说得简单……"

如果是调查鲸和海豚，我还能根据过去丰富的经验提出建议，可是调查海牛类动物我只在佛罗里达州进行过。简单来说，我完全没有自信。不过，与心里的想法相反，我说出的话连自己都感到惊讶。

"儒艮和鲸类都属于哺乳动物，二者有共同点。如果这头儒艮有什么异常，我应该能检查出来。能让我也加入解剖调查队伍吗？"

天哪，我在说什么？我的心里一片混乱。

明明只打算了解一下情况，再告诉对方此事还需要讨论，结果由于作为研究人员的好奇心和探究心理占了上风，我竟然主动提出加入。

在挂了电话后，我为自己的冲动而陷入不安。见状，附近一位听到了我们对话内容的同事安慰道："没关系，田岛，这不是常有的事吗？"确实，突如其来的调查委托是常有的事，走一步算一步吧。

随后，日本环境省给我回了电话。可喜可贺，我也加入了这支解剖调查队伍，需要立刻前往冲绳。

在巨大的压力下探寻儒艮的死因

在接到日本环境省回复的几天后，我到达了那霸机场。为了迎接第二天的调查，我刚打算在酒店房间休息一下，就被相关工作人员叫到了大堂里。

"在调查结束前，不得向他人透露本次调查的相关情况。""在日本环境省正式发出公告前，请对本次调查的相关内容严格保密。"我收到了一连串严肃的指示，甚至签下了保证书。

在回到房间后，我不由得感叹这件事情的严重性。看着窗外美丽的三角梅，我有一瞬间后悔参加这次调查。

第二天早晨，我到达水族馆并和相关人员打过招呼后，就开始调查那头儒艮。它的体长约 4 米，看起来圆滚滚、胖嘟嘟的，体形魁梧。从外表可以看出，它的年龄应该不小了，我们需要考虑它老死的可能性。

随后，外形观测和拍照工作顺利结束，我们即将进入内脏调查阶段。尽管儒艮和鲸类同为海洋哺乳动物，可是儒艮的内脏排列方式和鲸类的完全不同，甚至和海牛的也不一样。儒艮的心脏位于喉咙下方，因此我们在剥离表皮时要更加慎重。此外，儒艮的肺部平铺在背上，我们必须先取出其他脏器，才能完整地看到它的肺部。儒艮的肠道与食草动物的肠道特点相符，又长又粗，比鲸类的肠道更难处理。

在解剖时，冲绳县炎热的天气不断消耗着我们的体力。解剖室的通风并不算好，再加上为了防止感染需要穿上防护服并戴上口罩，这更是火上浇油。我出的汗比平时更多，只能在大汗淋漓的状态下一点一点地拉出儒艮的肠子，小心地取出它的心脏。因为不知道会得出什么样的结果，我的心情非常紧张，我出的汗更多了。

在短暂的休息时间里，我一口气喝完了一整瓶运动饮料。

这时，我突然想起小时候父亲给我和妹妹表演的一个把戏。他总是先把吸管的包装纸折成风琴状，再在上面滴一滴水，当水不断扩散时，它就像一条毛毛虫在蠕动一样。现在，水分也像毛毛虫一样在我体内舒展游走。

随后，解剖工作继续进行。

因为仅靠眼睛通常发现不了取出的内脏有什么异常，以防万一，我们额外提取了用于做病理检查的样本，并且再次从儒艮头部开始仔细观察它的皮肤表面是否出现异常。果然，一名小组成员发现儒艮身体右侧的腹部有一个小洞。于是，所有人再次仔细观察它的腹部，发现那里确实有一个直径 1 厘米左右的小洞。

随着这个小洞延伸的方向看去，我们发现依然留在它肚子里的某根肠子上插着一根 23 厘米长、像鱼刺一样的东西。

“原来如此！”我差点惊呼出声。

不过，我暂时压下了自己激动的情绪，开始寻找这根刺的尖端。最终，我们发现儒艮肠子的一处被刺扎破，肠子里的内容物已经流入腹腔。

毫无疑问，这就是儒艮的死因。在确认儒艮是自然死亡的瞬间，现场的气氛一下子放松下来。

在追加调查中，研究人员发现这根刺属于一种生活在冲绳县周围海域中、名叫点斑篮子鱼的鱼，它已被潜水界列入危险生物的名单之中。就算是人类被它的刺扎到也会受伤，甚至死亡。

这头雌性儒艮被鱼的刺扎到之后，应该是由于疼痛难耐，才会在夜里不停地发出叫声。一想到水听器连续多天记录下了它痛苦的叫声，我就心痛得不得了。

谁都没想到儒艮会因为鱼的刺而死亡。只有参与过一次次实际的解剖调查，才能积累下这样的经验。

大海牛为什么会灭绝

在本章的最后，我还想给大家讲述一个关于海牛类动物的故事。

1741 年，俄国探险家维塔斯·白令出海前往堪察加半岛、阿留申群岛和阿拉斯加等地探险。顺便一提，位于阿拉斯加和西伯利亚之间的白令海峡就是以他的名字命名的。

在这次航行中，有一个名叫乔治·斯特拉的人与他同行。斯特拉原籍德国，是俄国的博物学家、探险家和医生。

不幸的是，船只在科曼多尔群岛触礁撞毁，队长白令在疾病和饥寒交迫中死亡。于是，斯特拉代替他成为队长，并带领众人顺利地逃出了那里。

根据当时的经历，斯特拉写出了《白令海海洋哺乳动物调查》和《堪察加志》等作品。这些作品中提到了他在无人岛周围海域中发现的新物种，如大海牛、白令鸬鹚和虎头海雕等。大海牛是一种海牛类动物，白令鸬鹚是一种鸬鹚，虎头海雕是一种猛禽。

然而讽刺的是，他的作品却为生活在科曼多尔群岛上的珍稀动物带来了灾难。大海牛和白令鸬鹚惨遭滥捕，尤其大海牛在被人类发现后仅过了 27 年就灭绝了。现在，唯一幸存的是虎头海雕，它也在北海道周围生活，是体形最大的猛禽之一。

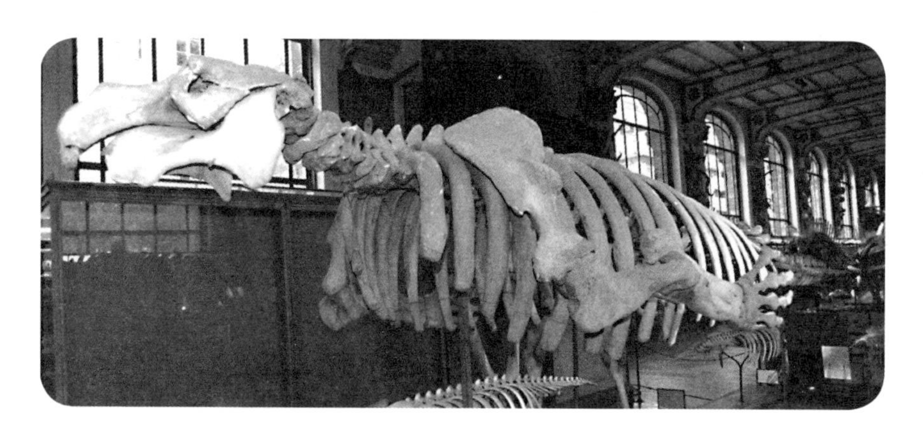

法国国家自然历史博物馆中的大海牛骨骼标本

大海牛体长 11 米，体重可达 6 吨，生活在寒带到亚北极圈地区。大海牛是食草动物，不过它不吃海草，而是以海藻为食。

由于大海牛已经灭绝，它的外貌和生态信息只能从斯特拉写的书中找到。目前，英国自然历史博物馆、法国国家自然历史博物馆、美国自然历史博物馆等地都保存着大海牛的标本。当我因工作前往这些博物馆时，那庞大的骨骼标本尺寸给我留下的震撼至今难忘。

如果大海牛能生存到现在，说不定海牛类动物在世界范围内都会更加繁荣。然而，人类的贪婪抹杀了这种可能性。

属于“濒危物种”的解剖学者

在众多学术领域中，存在着一个“濒危物种”，那就是以解剖学为专业的研究人员，我也算其中之一。我在前文中是真心希望“如果海牛和海象能吃更多种类的食物，说不定它们的种群就能繁盛起来”，因为若是自己研究的动物先灭绝了，那我们就失业了。

解剖学者对博物馆而言非常重要，所以我想简要地向大家介绍一下。

简单来说，解剖学分为功能解剖学、大体解剖学、显微解剖学（组织学）、比较解剖学等多个分支。我以其中的比较解剖学和大体解剖学为课题完成了博士论文，在东京大学取得了博士学位。

大体解剖学是在解剖过程中用肉眼观察、研究某个结构或部位的学科。比较解剖学则通过比较多种生物的特定结构来研究它们之间的不同点和共同点。

在东京大学读书时，我为了学习大体解剖学和比较解剖学进入科博实习，并在那里得到了专攻解剖学的山田格老师的教导。

山田老师从东京大学理学院人类学研究室毕业后，曾在医学院当过 15 年老师，负责教授大体解剖学的专业课程。他是第一位让我觉得配得上学者这个尊称的老师。

同样，他身边的老师们也都是了不起的专家，和我关系很好的新潟县立护理大学的名誉教授关谷伸一老师就是其中一位，这些老师们现在都已经成了“濒危物种”。

大体解剖学的内容非常简单，只要有标本和镊子就能完成这项研究。可是正因如此，它对研究人员的观察能力、研究能力和理解能力的要求也很高。同样是观察标本，若想达到老师们的理解水平和技术水平，必须积累多年的经验，掌握丰富的知识。

如果研究对象是海洋哺乳动物这一特殊物种，那么能否识别出它们与其他哺乳动物的共同点，以及它们在回到大海后所进化出的不同点，就是研究人员展现能力的地方了。顺便一提，上面提到的老师们的这种能力就相当强。

举例来说，包括人类在内，哺乳动物大多都长有从颈项到肩背的斜方肌。海豚属于哺乳动物，按道理它应该也有。可是，过去的观点都认为海豚没有斜方肌，或者就算有，其形状也和人类的完全不同。

为了找到真相，我们能做的只有努力去寻找。若想判定海豚从颈项到肩背的众多肌肉中的哪一块是斜方肌，必须找到确凿的证据。如果只是隐约觉得“这一块肌肉可能是斜方肌”，就等于是在重复以前的研究人员的错误。判定斜方肌的常规方法是找到控制肌肉的神经。但理清肌肉与神经的关系相当困难，在找到大量的肌肉和神经后，我们还需要更加仔细地观察具体是哪根神经控制哪块肌肉。

令人震惊的是，山田老师和关谷老师干脆利落地解决了这个问题，他们几乎是一边闲谈一边确定了海豚的斜方肌。看着两位老师游刃有余的样子，我甚至感到一丝不安。我怀疑无论过去多久，自己都无法赶上他们的脚步。

大体解剖的工作是细致的、不断重复的，它以毫米为观察单位，需要花费大量的时间，几乎让人喘不过气来。如果无法从中找到乐趣，它就只是一种痛苦的简单劳动。因此，在时间紧张和资金短缺的调查项目中，是无法开展大体解剖的相关工作的。

现在，大体解剖学被当作一门“过时的学问”，很少有学术机构会创造培育这个学科的后继者的环境。

解剖学是生物学的基础学科，只要是研究生物学的人，就必须掌握解剖学。

老师们经常教导我：“‘无用’的工作中藏着珍宝，如果不进行‘无用’的工作，就无法掌握发现珍宝的能力。从结果来看，没有哪种工作是无用的。”

在“无用”的工作中积累经验，就可能拥有新的发现，找到“珍宝”。

实际上，看似无用的经历甚至可以决定一个人今后的生活方式。现在，两位老师依然活跃在研究工作中。根据解剖学的现状来看，他们说不定是博物馆最后的“堡垒”。

第7章

尸体传达出的信息

曾经有人问我是不是喜欢尸体

我经常在寒风呼啸的海岸上，浑身是血地解剖被冲上海岸的鲸尸。曾有人问我："一个女性为了工作，有必要做到这个地步吗？"甚至还有人问我："你是不是喜欢尸体？"

这个问题太过直接，我情不自禁地笑了出来。当然，我并不喜欢尸体。

在上大学时，我曾在兽医病理学教室解剖陆地哺乳动物的尸体，看到它们体内的脏器排列得整整齐齐，深受震撼。当用显微镜观察组织切片时，我看到各个细胞相互连接，遵循着一定的规则完美地发挥作用，又觉得着实神秘，我们的身体功能就是在这样的结构下运行的。学习、研究这种不可思议的事情让我感受到一种纯粹的快乐。

每一个细胞都有完成被托付的使命的能力。

例如，面对侵入体内的病原菌，既有能像导弹和毒气一样杀死病原菌的细胞（淋巴细胞），也有能大口吞食病原菌的细胞（巨噬细胞）。

再如，为了让膀胱在被尿液充盈后增大体积，膀胱细胞的形状可以变得扁平，而且参与制造尿液的细胞数量多得惊人，这些细胞共同完成了相当复杂而精密的工作。

在用肉眼看不见的微观世界中，是细胞们一直在支撑着我们的生命活动的运行，因此我萌生出了感谢它们的想法，这种想法至今依然没有改变。

不过，当生物体内的系统的运行发生紊乱时，脏器就无法正常工作，生物可能在瞬间死去，这是生命脆弱的一面。我感觉能保持身体健康反而是一种奇迹。

所以，我并不喜欢尸体。正因为我知道生物维持正常的生命活动是多么了不起，才无法对被冲上海岸的动物尸体置之不理。

原本生活在海里的哺乳动物为什么会被冲上海岸并死去？我一心想知道原因，这就是我进入这一行的动机。

海洋哺乳动物搁浅，说不定是因为它们得了病。我如果能利用在大学里学到的知识，哪怕多解决一个问题，也许搁浅的海洋哺乳动物的数量就会减少。

全力探寻深藏的死因

自我开始调查研究搁浅的海洋哺乳动物，已经过去了将近 20 年。

前文反复提到，为了不让搁浅的海洋哺乳动物被当成大型垃圾处理掉，一旦接到搁浅信息，我就会背上沉重的行李赶往现场。

在搁浅的外因中，除了被渔网或渔具缠住或钩住、与船只发生冲撞之外，还有被鲨鱼、虎鲸等外敌袭击而死亡的情况。

哪怕搁浅的外因非常明显，我们也要进行解剖调查，这是为了确认搁浅的动物体内是否有真正导致死亡的影响因素。

例如，我们需要调查海洋哺乳动物在被渔网缠住时，皮肤和内脏受到了什么样的损伤导致它们死亡。我认为这项研究对探索海洋哺乳动物与人类和谐共存的道路来说非常重要。

江豚的下颌因被渔网缠住而留下的伤痕

而且，哪怕是被强烈怀疑由于外因而死亡的海洋哺乳动物，其内脏也不见得一定没有发生病变。海洋哺乳动物可能是由于得病导致身体衰弱，才会被渔网缠住或遭到外敌的袭击。

海洋哺乳动物身上出现的疾病几乎和人类的一样。动脉硬化、癌症、肺炎、心脏病和感染是其中的代表性疾病。

人类的医学领域有法医学这个分支，这是因为非自然死亡或有非自然死亡可能性的尸体要进行司法解剖以查清死因，从而根据解剖结果判断是否有发生案件的可能，这是日本法律的规定。搁浅的包括海洋哺乳动物在内的野生动物几乎都是非自然死亡，因此对搁浅动物的解剖调查与司法解剖有相似之处。

如果能从尸体上发现更多死因和与搁浅原因相关的信息，那么就能积累对动物们的治疗和健康管理的经验。

在对野生动物的尸体进行病理学研究时，我们由于完全不了解它们生前的信息，只能用肉眼和显微镜观察其体外和体内的各个角落，希望能彻底查明导致其死亡的原因。

气象和海洋环境是否发生变化，以及是否受到其他生物的影响，这些信息都要放在一起讨论，才能揭开死因的真正面目。

一旦开始进行解剖调查，我的注意力就会全部集中在搁浅的动物身上，因此经常会出现有人跟我说话我却没听到的情况。在注意力高度集中的情况下，无论是严寒还是酷暑，甚至连尸体散发出的强烈腐臭味我都完全感觉不到。为了观察得更加仔细，有时我的鼻子几乎要碰到动物的内脏，这副场景在旁人眼中确实有点可怕。

对海洋生物来说，搁浅是一件不幸的事情。我始终不会忘记此事，所以在面对搁浅动物的尸体时，会倾尽全力地弄清它们的死因。

听说，在追踪案件的警察中，“执念”越深的人越容易找到真相，或许我们在进行搁浅调查时的样子和他们很像。

可实际上，无论在调查时的“执念”有多深，无法查清动物的死因而只能留下其“已经死亡”的判定的情况更多。

在集中精力解剖时，研究人员不会在意鲜血和臭味

偶尔，也有新生或还在吃奶的动物幼体被单独冲上海岸并死亡的情况。很多时候，我们不仅要调查它们死亡的外因和内因，还要追查它们的父母是否也在其他地方发生了搁浅，即便我们几乎没有办法知道大海中发生的事情。

小小的尸体横卧在广阔海岸线上的孤独身影，无论看过几次都会让我心痛。在找不到它们的死因时，我会对自己的无力感到愧疚。

每当这时，电视剧里的老警察在退休前夕终于发现某个案件的重要线索时的情景就是我的救赎。我相信，总有一天我们会找到搁浅之谜的真相。

越来越多的海洋塑料

近年来，海洋生物的搁浅与海洋污染有关的说法逐渐引人注目。其中，最受全世界的研究人员重视的是塑料垃圾的影响。

不论是直径超过 5 毫米的大塑料还是小于 5 毫米的微塑料，都是难以被分解的物质，因此一旦在自然界中扩散并进入大海，就会长时间漂浮在海中，成为“海洋塑料”，从而导致海中的氧气减少、上升流（海洋深层水因受季风和信风等风、地形、海流的影响而涌上海洋表层的现象，这个过程将富含营养盐的海洋深层水搬运到阳光可以照达的海洋表层，促进浮游植物的繁殖）的上升受到阻碍等，破坏海洋生物的生存环境。

有研究数据表明，大约 7 成的海洋塑料都是从河流进入大海的。也就是说，人类的生活开启了塑料污染的第一篇章。

举例来说，自动售货机旁边的垃圾箱里满到溢出来的塑料瓶、人们随手扔在地上的塑料制品都会在下大雨时流入路旁的水沟和河流，最终流入大海。在流入大海的过程中和流入大海之后，这些塑料垃圾会在光照和物理摩擦的作用下变成塑料碎片。

直径在 5 毫米以下的微塑料如果被鱼类和贝类等生物吞下，会伤害它们的内脏，甚至造成死亡。有研究报告显示，海鸟、海龟在吞下微塑料后会出现胃溃疡等症状。而且，人类的粪便也曾被检测出微塑料，可见塑料污染对海洋和陆地两处生物的影响正在不断扩散。

前文提过，2018 年 8 月，有一头蓝鲸在神奈川县镰仓市的海岸上搁浅，我们在它的胃里发现了一块直径约为 7 厘米的塑料片。

当时，正值世界各国普遍开始实施保护海洋和海洋资源的相关措施的时期。2015 年举办的联合国峰会提出了建立可持续发展的更好的世界这一国际目标，制定了“可持续发展目标”（SDGs: Sustainable Development Goals），在 17 个目标中，加入了“保护海洋环境、保护海洋资源的可持续利用性”。

在这样的背景下，蓝鲸的胃里出现塑料片一事被日本国内外的众多媒体争相报道。

其实从 25 年前开始，研究人员就在搁浅鲸类的胃里发现了塑料垃圾。只是这次的事件给全世界的人们心中造成了巨大的冲击。

于是，这件事成为了让此前并不关心海洋环境及海洋资源的人了解相关知识的契机，日本国内也开始采取各种保护海洋的行动。我很高兴越来越多的人开始真正关心塑料垃圾造成的海洋污染。

塑料垃圾变成塑料颗粒，被海洋生物吞入腹中

其实，不止海洋哺乳动物，所有海洋生物都受到了人类活动产生的恶劣影响。

来自有机污染物的威胁

海洋塑料不仅会给海洋生物的内脏带来伤害，还会造成一个更加严重的问题。通常，塑料垃圾上都吸附、残留着有机污染物（POPs, Persistent Organic Pollutants）。

在排放到环境里的化学物质中，有一些化学物质会造成空气污染和水质浑浊，还会长期积聚在土壤中，从而对生态系统和人类的健康造成负面影响，引发严重的环境污染，这些物质统称为环境污染物。

其中，难以分解、容易积聚、能长距离移动且具备有害性的化学物质统称为 POPs。2004 年 5 月，以减少 POPs 为目标的《斯德哥尔摩公约》生效，由此可见 POPs 的污染危害有多大，甚至需要制定公约来控制其排放。

在通常情况下，POPs 会通过食物链从小型生物的体内转移到大型生物的体内，而且每次转移都会进一步富集。于是，位于海洋食物链顶端的鲸鱼和海豚等海洋哺乳动物就会在日常生活中吃到含有高浓度POPs的食物。

本来海洋污染造成的问题已相当严重，如果海洋哺乳动物再吞入吸附着高浓度POPs的海洋塑料，它们体内就会积攒更多的POPs。

高浓度POPs如果在生物体内不断积累，就会降低生物的免疫力，从而引发感染、内分泌失调（甲状腺、肾上腺、下垂体等无法正常分泌相应的激素）、癌症等。

事实上，在日本搁浅的海洋哺乳动物中，体内积攒着高浓度POPs的动物比没有积攒高浓度POPs的动物更容易出现感染（机会性感染）。

而且，海洋哺乳动物幼体更容易受到POPs的影响。现在已知的POPs几乎都易溶于油脂，因此大量的POPs会通过富含油脂的母乳从母亲体内进入幼体体内。

然而，海洋哺乳动物幼体的免疫系统尚未完全建立，它们如果吸收了大量的POPs，就更容易感染本来可以凭借自身的免疫力消灭的弱毒性病原菌，增加死亡的风险。

讽刺的是，给幼体喂的奶水越多，母亲体内的POPs就越少。尽管这还在调查当中，不过我认为海洋哺乳动物幼体单独搁浅的背后，恐怕就存在POPs的某种影响。

此外，很多搁浅的鲸鱼和海豚原本就存在寄生虫感染的情况，它们的肺、肝脏、肾脏、胃、肠道、头盖骨等很多部位都存在寄生虫。在通常情况下，寄生虫会和宿主和谐共处，因为如果杀死了宿主，它们自己也会一起死去。

可是，当宿主体内积攒了高浓度 POPs 时，其免疫力会下降，寄生虫导致的肺炎和肝炎等疾病就会变得更加严重。在日本搁浅的海洋哺乳动物就有这样的情况。

关于 POPs 对生物的影响，因为不同生物的免疫系统不同，个体免疫力也存在差距，所以现在很难得出确切的结论。若想确定 POPs 对生物的影响，恐怕还需要一定的时间。

面对 POPs，人类同样无法置身事外。在陆地上，POPs 也会通过食物链在生物体内不断积攒。也就是说，位于陆地食物链顶端的人类也和鲸鱼、海豚一样，在吃含有高浓度 POPs 的食物。

除食物之外，我们身边还有很多物品能够产生 POPs，智能手机、笔记本电脑、游戏机等电子产品使用的阻燃剂就是其中的代表。

当然，如今的工业生产对化学物质的使用限制更加严格，市面上的产品大部分都是使用合法的化学物质加工而成。虽然我们不需要对此过度担心，但是各种化学物质一旦进入自然界，谁也不知道它们在紫外线照射、高温等情况下会发生什么变化。如果不进行限制，今后环境污染物的问题应该会更加严重。

我并不想制造恐慌，不过人类现在确实正处于一段非常重要的时期，每个人都应该掌握足够的科学知识，这既能保护自己，又能保护环境。

目前，在日本搁浅的海洋哺乳动物身上已经能看到 POPs 造成的负面影响了。如果能继续观察海豚和鲸，那么就能得到更多研究成果。这些成果不仅与海洋生物有关，也与人类的健康有关，它们也许可以成为制定评价全球规模的环境污染程度的标准的参考。

为何鲸类的胃里空空如也

在海洋塑料中，人类之前一直忽略了直径小于 5 毫米的微塑料对环境的影响。即使在全世界范围内，目前也没有国家研究出微塑料的分布区域、材质和有害性。

我们在调查搁浅于日本的鲸和海豚时，它们大多患有肺炎。我们不仅在它们体内发现了直径小于 5 毫米的微塑料，还检测出 POPs——多氯联苯（PCBs）。

如果能证明 POPs 与肺炎的因果关系，那么关于 POPs 的调查研究一定能向前迈进一大步。

然而，在学术领域，证明因果关系需要再现相关过程。也就是说，如果不让一定数量的鲸和海豚摄入 POPs 以证明它会引发肺炎，就无法证明 POPs 会导致肺炎。当然，人类不可能在鲸和海豚身上进行如此疯狂的实验。

因此，常规方法是比较在搁浅调查中得到的事实，观察它们在统计学上是否存在显著差异。

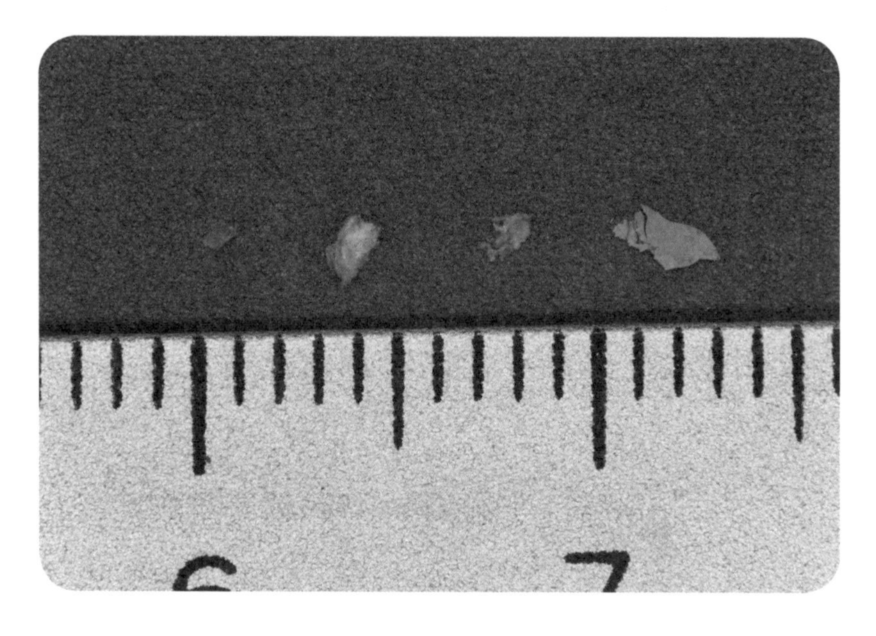

在索氏中喙鲸体内发现的微塑料

前文提过，POPs 会通过食物链逐渐在生物体内积聚，因此在海洋中位于食物链顶端的海洋哺乳动物体内的 POPs 浓度总是处于高值。

可是，来源于海洋塑料的 POPs 此前一直被忽略了。

直到我们发现体内 POPs 浓度很高的海洋生物胃里几乎空空如也，没有食物，才发现了端倪。在通常情况下，海洋生物的胃里会存在食物残渣，如鱿鱼嘴、鱼骨等。现在，我们正在全力研究此事与 POPs 之间的关系，也希望有更多的人了解这个事实。

实际上，不仅是海洋哺乳动物，其他生物的体内也曾被发现过海洋塑料。有研究报告显示，到 2050 年，海洋塑料的总量可能会超过鱼类的总量。

这全都是我们人类造成的恶果。

现在，我们的生活中到处都是塑料制品。不可否认，生活便利性确实因此提高，我们得以过上轻松、舒适的生活。我周围的研究人员经常提出一些极端的观点，他们认为如果人类社会的存在威胁到了其他生物和环境，唯一的解决方法就是让人类灭绝。说实话，塑料垃圾对整个地球来说确实是非常严重的问题。不过对研究人员来说，寻找解决这个问题的突破口，开拓与其他生物和谐共存的美好未来才是我们的工作。

我们这一代人是已经习惯了舒适、便利的社会生活的一代人，可是每当从搁浅动物的体内发现海洋塑料时，我都会强烈地感觉到“这样下去不行”。面对环境污染，我们还需致力于从化学、病理学的角度寻找解决问题的思路。

2021 年 3 月，日本内阁制定了《塑料资源循环促进法》。该法案以减少塑料垃圾为目的，要求便利店等场所的经营者不得免费提供一次性吸管、一次性勺子等塑料制品。这项法案考虑到了塑料制品的设计、销售、回收等多个方面，意味着人类对环境的保护又向前迈进了一步。

人类与野生动物共存之路

日本国立科学博物馆从 2016 年开始实施“综合研究”，这是一项五年计划，由五个不同主题的研究项目组成。其中，有一个项目是“缅甸的物种目录调查”，我所在的海洋哺乳动物小组为了拓展海洋哺乳动物的物种目录，也加入了这个项目。

在 2020 年 2 月进行的第 4 次相关调查中，我们乘坐游船游览了缅甸的伊洛瓦底江。

我之所以提到这条江，当然是因为这里生活着海洋哺乳动物。具体来说，伊洛瓦底江里栖息着一种海豚——伊河海豚。

原本生活在海洋中的生物如果长时间生活在河流（淡水）中，通常会因为无法顺利地调整身体的渗透压而死去，海豚同样如此。可是，伊河海豚通过进化完美地适应了在淡水中的生活，现在主要分散在东南亚的河流中和河口附近。

伊河海豚不生活在日本，我无法掌握它的搁浅案例。不过，它属于濒危物种，来看活着的伊河海豚也是我此行的目的之一。

而且，伊洛瓦底江上竟然还进行着由渔夫和伊河海豚合力“捕鱼”的传统活动。

渔夫不捕捉海豚，而是和海豚合作捕鱼，这真是令人吃惊。在全世界范围内，这都是一种非常少见的活动。

伊河海豚会先将鱼赶到渔船附近，再将尾鳍伸出水面拍打。渔夫在看到信号后就会向水面撒网，从而捕获被赶到渔船附近的鱼，伊河海豚则趁机吃掉漏网之鱼。

经过各种调查后，我们发现渔夫为了能和伊河海豚合作捕鱼，必须训练它们与人类交流，这项训练需要花费 4 ~ 5 年的时间。

神奇的是，伊河海豚为什么会同意与渔夫合作捕鱼呢？就算不和渔夫合作，伊河海豚也可以轻松地靠自己捕鱼，和渔夫合作反而会被夺走一部分食物。不过，选择与人类合作的伊河海豚依然令人感动。

从游船上看，伊洛瓦底江的景色优美，然而这条河也已经被人类活动所污染，里面能够作为食物的鱼的数量剧减，因此伊河海豚也濒临灭绝。

就像我在本书开头中说过的那样，日本每年会出具 300 多份海洋哺乳动物搁浅的报告。在现场调查时我经常想这些动物为什么不得不死去？是受到了人类活动的影响吗？如果是这样，我们应该采取什么对策呢?

为了找到答案，我们只能在今后尽可能多地调查研究搁浅动物。如果博物馆能够通过制作动物标本、发表研究成果来将海洋哺乳动物传达给我们的信息转达给大众，或许有一天我们就能找到答案。

被冲上静冈县牧之原海岸的灰海豚和用水桶打海水的笔者

这是我第一次得到面向大众单独出版作品的机会。老实说，刚开始我心中有一丝挥之不去的不安，不知道大众对我的经验和工作内容有多大的兴趣，会不会觉得有趣。

在写作过程中，我有好几次想要放弃，但是编辑绵先生和博物馆的员工每次都会鼓励我，设计师佐藤亚沙美女士给我设计了美丽的装帧，让我对本书越来越有信心。另外，芦野公平先生的插画让我略显僵硬的文字变得柔和、更加通俗易懂。

由于调查研究的需要，我经常在国内外飞来飞去，行程很紧张。在新冠病毒疫情蔓延全世界期间接到创作本书的委托，让我感到惊讶，这仿佛是偶然中的必然。如果我还处在平时的工作节奏中，恐怕很难有时间完成本书。

大家在阅读本书后，若能感受到海洋哺乳动物的有趣和了不起的地方，我将非常开心，创作的辛苦会瞬间消散。

※

我在介绍自己进入这一行的契机时，稍稍有些大义凛然，其实背后还有隐情。上高中时，我正处于青春期，因为人际关系感到疲惫（现在回想起来，都是些鸡毛蒜皮的小事）。想着如果以后能从事和我从小喜欢的动物有关的职业，或许就不用过多地与人接触了。这是我选择日本兽医生命科学大学的契机。

可是与动物相关的职业并不会与世隔绝，兽医接触的大部分动物都是宠物以及牛、马、鸡等有商业价值的动物，也是被人类利用的动物。也就是说，我必须和动物的拥有者进行接触。

在上大学时我意识到了这件事，却不知道未来该走向何方。在那段苦闷的日子里，我武断地认为“既然如此，只要以野生动物为工作对象，和人接触的机会就少了”。

但是，野生动物范围很广，具体的研究方向依然困扰着我。只能先在图书馆阅读大量相关书籍。直到某天，我看到了水口博也先生的小说《奥尔卡·海王虎鲸与风的故事》，野生虎鲸庞大而美丽的身影抓住了我的心。以此为契机，我在读大学本科期间多次去加拿大温哥华旅行，越来越沉迷于以虎鲸（奥尔卡）为首的海洋哺乳动物，决定在这个领域继续研究。

创作本书时我才意识到自己其实一直不擅长处理人际关系，可是在我人生的重要时刻，真的受到了很多人的支持和鼓励，他们帮助我走到了今天。

人可以以各种各样的形式支持他人，也许在某些时刻，我也曾经支持过某个人。这样一想，我就会认为人类社会也不坏。

作为日本国立科学博物馆的研究员，我与各位伙伴合作参与了各种各样的项目，得到了在大众面前讲话的机会，甚至出了书。

高中时的我如果看到现在的自己，一定会大吃一惊。

人在一生中不知会发生怎样的变化。

虽然走到现在，我经历了很多挫折，绕了不少远路，不过我深切感受到，正因为有家人、朋友、恋人、同事的支持，因为了解到动物们了不起的特质，我才能克服各种各样的困难。

借此机会，我衷心感谢总是爽快协助我们进行学术调查的政府工作人员，帮助我们回收动物的潜水者、冲浪者和操纵重型机器的技术人员，还有团结一心、调查回收标本的研究机构以及所有相关人员。

※

今后，我想继续在调查现场面对海洋哺乳动物。

它们为什么会被冲上海岸？它们为什么会死？

虽然我总是细心关注，不放过它们传达的信息，可是尚未查明的事情依然很多，这时我心中只会感到焦急。

所以，每当听闻在海岸发现了搁浅的动物，无论多远，我都会奔赴现场，因为最想知道答案的人不是别人，就是我自己……

田岛木绵子

2021 年 6 月

■ 田島木綿子，山田格総監修．2021. 海棲哺乳類大全 彼らの体と生き方に迫る．緑書房．

■ N. A. Mackintosh 著．1965. The stocks of whales, The Fisherman's Library. Fishing News.

■ Horst Erich König, Hans Georg Liebich 著．カラーアトラス獣医解剖学編集委員会監訳．2008. カラーアトラス 獣医解剖学 上・下巻．チクサン出版社．

■ Eeik Jarvick 著．1980. Basic structure and evolution of vertebrates / Vol.1. Academic Press.

■ 山田格．1990. 脊椎動物四肢の変遷 －四肢の確立－．化石研究会会誌 23:10-18.

■ Alfred Sherwood Romer, Thomas Sturges Parsons 著．1977. The vertebrate body, 5th edition. University of Chicago press.

■ Sluper, E. J. 1961. Locomotion and locomotory organs in whales and dolphins. Cetacea. Symposia of the Zoological Society of London 5:77-94.

■ 山田格，伊藤春香，高倉ひろか．1998. イルカ・クジラの解剖学 －これからの領域－．月刊海洋 30:524-529.

■ William Henry Flower 著．1885. An Introduction to the Osteology of the Mammalia. Macmillan and co.

■ Cuvier, G. 1823. 3. Sur les ossements fossiles des Mammifères marins. 5:273-400. Dufour et d'Ocagne, Paris.

■ 田島木綿子，今井理衣，福岡秀雄，山田格，林良博 . 2003. スナメリ *Neophocaena phocaenoides* の骨盤周囲形態に関する比較解剖学的研究 . 哺乳類科学 3:71-74.

■ Parry, D. A. 1949. The anatomical basis of swimming in Whales. Proceedings of the Zoological Society of London. 119:49-60.

■ 粕谷俊雄著 . 2011. イルカ 小型鯨類の保全生物学 . 東京大学出版会 .

■ Bernd Würsig, J. G. M. Thewissen, Kit M. Kovacs 編 . 2017. Encyclopedia of Marine Mammals, 3rd edition. Academic Press.

■ Annalisa Berta, James Sumich, Kit Kovacs 著 . 2015. Marine Mammals: Evolutionary Biology, 3rd edition. Academic Press.

■ Wolman AA. 1985. 3. Gray whale *Eschrichtius robustus* (Lilljeborg, 1861). pp.67-90. In: Sam H. Ridgway, Sir Richard Harrison 編 . Handbook of Marine Mammals / Vol.3. Academic Press.

■ Jones ML and Swarts SL. 2002. Gray whale *Eschrichtius robustus.* pp.524-536. In: William F. Perrin, Bernd Würsig, J.G.M. Thewissen 編 . Encyclopedia of Marine Mammals. Academic Press.

■ 山田格 . 1998. 1996 年春のメソプロドン漂着 . 日本海セトロジー研究（Nihonkai Cetology）8:11-14.

■ 山田格 . 1997. 日本海沿岸地域への鯨類漂着の状況 －特にオウギハクジラについて－ . 国際海洋生物研究所報告 7:9-19.

■ 山田格 . 1993. 漂着クジラデータベースの概要 . 日本海セトロジー研究 (*Nihonkai Cetology*) 3:43-44.

■ 角田恒雄，山田格 . 2003. 日本海沿岸各地に漂着したオウギハクジラ (Mesoplodon stejnegeri) の遺伝的多様性について . 哺乳類科学 増刊号 3:93-96.

■ Kazumi Arai, Tadasu K. Yamada, Yoshiro Takano. 2004. Age estimation of male Stejneger's beaked whales (*Mesoplodon stejnegeri*) based on counting of growth layers in tooth cementum. Mammal Study 29:125-136.

■ Yuko Tajima, Yoshihiro Hayashi, Tadasu K. Yamada. 2004. Comparative anatomical study on the relationships between the vestigial pelvic bones and the surrounding structures of finless porpoises (*Neophocaena phocaenoides*). Japanese Journal of Veterinary Medicine 66(7): 761-766.

■ Yuko Tajima, Kaori Maeda, and Tadasu K. Yamada. 2015. Pathological findings and probable causes of the death of Stejneger's beaked whales (*Mesoplodon stejnegeri*) stranded in Japan from 1999 to 2011. Journal of Veterinary Medical Science 77(1): 45-51.

■ Yota Yamabe, Yukina Kawagoe, Kotone Okuno, Mao Inoue, Kanako Chikaoka, Daijiro Ueda, Yuko Tajima, Tadasu K. Yamada, Yoshito Kakihara, Takashi Hara, Tsutomu Sato. 2020. Construction of an artificial system for ambrein biosynthesis and investigation of some biological activities of ambrein. Scientific Reports 2020 Nov 10(1):19643. doi: 10.1038/s41598-020-76624-y.

■ Beibei He, Ashantha Goonetilleke, Godwin A. Ayoko, Llew Rintoul. 2020. Abundance, distribution patterns, and identification of microplastics in Brisbane River sediments, Australia. Science of The Total Environment Jan 15;700:134467. doi: 10.1016/j.scitotenv.2019.134467.

■ Costanza Scopetani, David Chelazzi, Alessandra Cincinelli, Maranda Esterhuizen-Londt. 2019. Correction to: Assessment of microplastic pollution: occurrence and characterisation in Vesijärvi lake and Pikku Vesijärvi pond, Finland. Environmental Monitoring and Assessment Dec 10;192(1):28. doi: 10.1007/s10661-019-7964-4.

■ Tadasu K. Yamada, Shino Kitamura, Syuiti Abe, Yuko Tajima, Ayaka Matsuda, James G. Mead, Takashi F. Matsuishi. 2019. Description of a new species of beaked whale (*Berardius*) found in the North Pacific. Scientific Reports 2019 Aug 30;9(1):12723. doi:10.1038/s41598-019-46703-w.

of some insectivorous
by
Department of Zoology
species from three families
to November 2015